Olivia Moogk

energyflow – Mit Rückenwind zum Erfolg

Olivia Moogk

energyflow
Mit Rückenwind zum Erfolg

Aufschwung für Ihr Business

SILBERSCHNUR VERLAG

MIX
Papier aus verantwortungsvollen Quellen
FSC® C014138
FSC
www.fsc.org

ISBN: 978-3-89845-463-6

1. Auflage 2015

Gestaltung & Satz: XPresentation, Güllesheim
Umschlaggestaltung: XPresentation, Güllesheim; unter Verwendung eines Motivs von © Rashad Ashurov, www.shutterstock.com
Druck: Finidr, s.r.o. Cesky Tesin

Verlag »Die Silberschnur« GmbH · Steinstr. 1 · 56593 Güllesheim
www.silberschnur.de · E-Mail: info@silberschnur.de

Inhaltsverzeichnis

Danksagung

Wer nicht dankt, hat einen wichtigen Zweig der Energien nicht verstanden. Danken Sie jedem so oft wie möglich! Ich tue dies, so oft es nur geht. Aber an dieser Stelle gebührt mein besonderer Dank dem Verlag, insbesondere Stefan Huber, der nicht müde wird, an mich und meine Fähigkeiten zu glauben. Meiner Lektorin, Frau Fischer, die mir immer mit viel Geduld entgegenkommt, danke ich auch von Herzen. Frau Lanzendörfer gilt mein Dank hinsichtlich ihrer wunderbaren Layouts. Allen Helfern im Verlag gilt mein Dank, die ich hier nicht alle namentlich erwähnen kann!

Meine Schwester Simone hat sich sehr engagiert und stand mir mit Rat und Tat zur Seite, ein Buch zu schreiben, das verständlich ist für alle Nicht-Feng-Shui-Kundigen. Ich danke ihr für ihre vielen Stunden

Arbeit! Auch Nathalie Sonntag half mir, und so gebe ich meinen großen Dank an sie und alle anderen weiter!

Ich danke der Fügung, die mich trotz aller Unkenrufe »Was willst *du* in China?« ziehen ließ. In der Tat, es zog etwas ganz Starkes an dem östlichen Ende der Schnur, und ich konnte damals nicht sagen, warum ich ausgerechnet nach China *musste*. Damit hatte sich einer meiner Lebensträume erfüllt: Lernen ohne Ende. Und ich fand einen Beruf oder besser gesagt eine Berufung. Dafür bin ich dankbar. Das Thema Feng-Shui ist für mich eine Reise. Eine Reise, auf der ich anderen Menschen begegne, mich mit ihnen austausche und ihnen viel geben kann sowie selbst viel empfange.

Ich danke auch den vielen Menschen, die mir ihr Vertrauen schenken, mich seit Jahren mit Dankesschreiben bedenken und mir die Kraft geben, Feng-Shui weiter zu verbreiten. Seit 1988 arbeite ich mit Feng-Shui, und es ist mir seither mit meinem Team, den Architekten und Handwerkern um mich herum, gelungen, vielen Menschen zu helfen, ihre Probleme zu lösen, oder Anstöße dazu zu geben, Veränderungen zu ihrem Wohl herbeizuführen.

Ihnen danke ich, liebe Leser, dass Sie dieses Buch aus der Fülle der Angebote ausgewählt haben, um sich mit meiner Erfahrung und meinem Wissen dem Thema Business-Feng-Shui zu nähern. Möge Ihnen das Buch ein wertvoller Begleiter sein und Ihnen zu den Erfolgen verhelfen, die Sie sich wünschen.

Ihre Olivia Moogk

Vorwort

Wer hat bislang geglaubt, dass nur der Wille zum Erfolg, die richtige Strategie und Motivation notwendig sind, um auch in Zukunft Spaß an der Arbeit und den erwünschten Erfolg und Nutzen zu haben? Jeder fing einmal klein an. Alles hat eine Entwicklung. Wer aber an sich glaubte, in Resonanz mit den ihm förderlichen Menschen, Räumen und Energiefeldern war, konnte den Sprung nach vorn machen. Warum die einen scheitern und die anderen gewinnen, bringe ich Ihnen in diesem Buch näher.

Ob Sie ein Neustarter, Einzelkämpfer oder Inhaber einer kleinen Praxis sind, ob Sie einen Friseurladen besitzen oder im Homeoffice sitzen und Erfolg haben möchten, die Prinzipien in diesem Buch bringen Sie schneller an Ihr Ziel und erklären auch, warum Ihnen manches bislang nicht oder nur teilweise gelungen ist. Erfolgreiche

Geschäftsleute auf der ganzen Welt folgen den Prinzipien des Feng-Shui – und damit den Energieprinzipien. Ob die *Bayrische Vereinsbank, Wella, Edeka, Beiersdorf, Siemens*, die *Deka*, die *Hongkong & Shanghai Bank* oder die *Amerikanische Handelskammer* – sie stehen stellvertretend für viele andere Unternehmen, die mit »Rückenwind« an ihrem Erfolg arbeiten. Wer sich einem Feng-Shui-Master anvertraut, fügt ein wichtiges Puzzleteil zum Gelingen seines Unternehmens hinzu.

Dabei folgt Feng-Shui klaren Regeln, basierend auf Beobachtungen der Natur und menschlicher Verhaltensweisen. Feng-Shui-Einrichtungen erzeugen *Lust*, dort zu verweilen. Lust fördert das Wohlgefühl und das Konsumverhalten. Kasimir Magyar und Dr. Anton Meyer plädieren beispielsweise dafür, Konsum über die Förderung des Lustgewinns am Kaufen aus einer ganz neuen Perspektive anzugehen. Beide sprechen von »Lust-Kauf«, »Lust-Kommunikation« und »Lust-Arbeit«. Genau das unterstützt Feng-Shui, spricht doch Feng-Shui alle Sinne an und füttert das Unterbewusstsein mit Wohlfühlfaktoren.

Beim *markant*-Mitgliederkongress in München wurde betont: »Irrt euch, doch zögert nicht. Don't plan it, just do it!« Feng-Shui schließt sich hier nahtlos an, denn die Zeit ist geradezu reif für Veränderungen und neue Ideen. Zögern Sie also nicht länger, sondern tun Sie etwas und nehmen Sie den Zeitgeist auf, der uns zurück zu unseren wahren Bedürfnissen führt und der uns »neue« Denkansätze schenkt, die jahrtausendealt sind.

Da auch immer mehr Arbeitsplätze in das häusliche Umfeld gelegt werden, wird Feng-Shui unter anderem auch deswegen im privaten Bereich angewandt. Die Zukunft hat bereits begonnen: Neben der Zunahme der Arbeitsplätze zu Hause steigt in Unternehmen der Bedarf an Fitnessräumen, einem vegetarischen Mittagsbuffet und an Ruheräumen mit farbigem Licht und beruhigender Musik. Pflanzen, Wasser und Wohlgerüche durchziehen Geschäfte und Bürokomplexe. Wo »Rückenwind« waltet, dort verweilt man gern.

Jeder Unternehmer und jede Unternehmerin weiß, dass mehr als nur Know-how nötig ist, um gute Geschäftsabschlüsse zu tätigen.

Siebzig Prozent der Abschlüsse werden in »Gefühlswelten« geschlossen. Loyalität, Ehrlichkeit und der richtige Umgang mit seinen Mitarbeitern sind die Voraussetzung für den Erfolg jedes guten Unternehmens, das auch in Zukunft Bestand haben möchte.

Warum tun sich einige Unternehmen leichter und andere schwerer? Ist es Glück oder gar Zufall? Außergewöhnlicher Erfolg erfordert außergewöhnliche Mittel. Dass hierzu nicht nur der Wille, Wissen und Engagement zählen, ist einigen Unternehmern klar. Sie setzen auf den Qi-Faktor, die Essenz aus dem fundierten Wissensschatz des Feng-Shui. Feng-Shui selbst bedeutet »Wind« und »Wasser« und bezeichnet zwei positiv und negativ geladene Energien, die sich im Umfeld eines Menschen befinden. Wenn man weiß, wie man diese nutzt, kann man sie auch gewinnbringend einsetzen. Dies haben bedeutende Firmen wie *Wella*, *Edeka* oder *Pascoe Naturheilmedizin* schon lange für sich entdeckt, und so sind sie ihren Mitbewerbern weit voraus.

Auch der Unternehmer Steven Wilkinson ist ein fortschrittlicher »Andersdenkender«. Er führt Firmen an die Spitze. Sein Credo: »Wer wächst, muss investieren, aber sinnhaft.« Dass dabei Feng-Shui eine wichtige Rolle spielt, ist für ihn selbstverständlich, denn gerade Feng-Shui beleuchtet den Standort, das Potenzial des Standortes, untersucht die Wirkung des Einganges, den Außenauftritt, die Anordnung der Räume und ihre Ausstattung bis hin zur Teambildung der Mitarbeiter. Er entwickelt und betreut innovative unternehmerische Investmentkonzepte und fungiert als leidenschaftlicher Mittler zwischen Unternehmern und Investoren. Als ausgewiesener Experte der Beteiligungs- und Unternehmensfinanzierung begleitete Wilkinson in den vergangenen 13 Jahren zahlreiche Kunden aus dem europäischen Mittelstand. Zuvor war der gebürtige Brite unter anderem bei der Merrill Lynch International Bank sowie bei Hartz, Regehr & Partner beschäftigt und verfügt daher über umfassende internationale Erfahrungen. Darüber hinaus steht Wilkinson einer Reihe von Unternehmen unterstützend zur Seite. So ist er unter anderem als Aufsichtsratsvorsitzender der Corona Equity Partners AG sowie im Board of Directors der Small Giants Community tätig, die sich der werteorientierten Unternehmensführung verschrieben haben. Zudem engagiert sich Wilkinson als Mitglied der Kommission für Standards und Ethik im Financial Experts Association e.V. und im weltgrößten Fördernetzwerk. Herr Wilkinson ist hier stellvertretend für alle Unternehmer zu nennen, die schon lange an mehr glauben als an das, was man auf den ersten Blick sieht. Nach einer Feng-Shui-Beratung hat die Firma Pascoe beispielsweise ihre Verpackungen völlig verändert, das Logo überarbeitet und den Eingang der Firma verlegt. Daraufhin wurde in jedem Bereich der Firma der Qi-Faktor für das Wachstum der Firma eingebracht. Heute ist die Firma ihren Mitbewerbern um Längen voraus!

Was Sie in diesem Buch erwartet, ist keine esoterische Abhandlung über etwas, an was Sie glauben können oder auch nicht. Es sind Tatsachen, die ich selbst in meiner über 25-jährigen Arbeit als Feng-Shui-Master tagtäglich erlebe.

Welche Strategien bringen am meisten? Auf was kommt es an, wenn man den Qi-Faktor nutzbringend einsetzen möchte?

Lernen Sie von anderen und schöpfen Sie aus dem Schatz der Quelle des Erfolgs.

»Damit das Mögliche entsteht,
muss immer wieder
das Unmögliche versucht werden!«

Hermann Hesse

Teil I:

Feng-Shui-Grundlagen für Ihr Business

Mit Wind und Wasser, den Prinzipien von Feng-Shui, schneller ans Ziel

Was möchten Sie erreichen?

Möchten Sie mehr Kunden gewinnen?

Möchten Sie Ihre Gewinne steigern?

Möchten Sie viel verkaufen und sich dabei extrem wohlfühlen?

Möchten Sie es sich leichter machen als bisher?

Möchten Sie mit mehr Energie und Spaß arbeiten?

Wer Energie nutzt, kommt schneller ans Ziel. Die Tatsache, dass alles, was uns umgibt, aus Energie besteht – ob positive oder negative – hat der Forscher Prof. Popp bereits hinreichend bewiesen. Max Planck sagte schon: »Es gibt keine Materie an sich. Alle Materie entsteht und besteht nur durch eine Kraft, welche die Atomteilchen in Schwingung bringt und sie zum winzigsten Sonnensystem des Atoms zusammenhält. Da es aber im ganzen Weltall weder eine intelligente noch eine ewige Kraft gibt, so müssen wir hinter dieser Kraft einen bewussten intelligenten Geist annehmen.« Und der Heisenberg-Nachfolger in München, H. P. Dürr, führte den Gedanken weiter und sagte treffend: »Materie ist nichts anderes als geronnener Geist.«

Der Mensch besteht aus Lichtquantenteilchen, die schwingen. Sie sind in Resonanz mit dem Raum, in dem sich der Mensch befindet, mit anderen Menschen, mit der Umgebung und mit allem, was existiert. Diese Schwingungen beeinflussen sich gegenseitig. Feng-Shui erklärt nun die Zusammenhänge zwischen Mensch-Mensch, Mensch und Raum sowie Mensch und Umgebung. Es sind beobachtete Muster, die in der Interaktion entstehen. Deshalb gibt es nicht nur die Beobachtung, dass der Geist die Materie beeinflusst, sondern auch das Handeln. Die Umgebung und der Raum gehen in Ihrer Resonanz auf den Mensch über und damit in eine Interaktion. Mit anderen Worten: Ist der Raum sehr negativ, so verändert sich die Schwingung in Ihrem Körper. Sie werden matter und müder, treffen vielleicht nicht immer die besten Entscheidungen. Auch der Ort, in dem Sie leben und arbeiten, wird mit Ihnen eine Wechselwirkung eingehen – ob diese förderlich ist oder nicht, lassen Sie uns beleuchten. Selbst die Menschen in Ihrer Umgebung sind das Ergebnis der Schwingungen, die Sie erzeugen. Wer auch immer um Sie herum ist, ist mit Ihnen in Resonanz.

Wer um die Resonanzen weiß, kann sich in eine Art positive Schwingung versetzen und damit weitere, größere Wellen schlagen und auf der Erfolgswelle schwimmen. Er zieht die richtigen Menschen an, kommt in die für ihn perfekte Umgebung, scheint Glück auf der ganzen Linie zu haben. Lernen Sie in diesem Buch die Gesetzmäßigkeiten kennen, die Ihnen helfen, auf den Wellen des Erfolgs zu reiten.

Das Wort Feng-Shui setzt sich aus Wind und Wasser zusammen (wörtlich übersetzt) und beinhaltet jahrtausendealtes Wissen, das sich in China erhalten hat und über die Seidenstraße auch nach Europa Einzug hielt. Daraus entwickelten sich hierzulande die Baukunst nach harmonikalen Prinzipien und die Geomantie, das Wissen um die Erde.

Das Zusammenspiel von Wind und Wasser verweist symbolisch auf die kosmisch alles durchdringende Energie (Chi oder auch Qi genannt), die im Feng-Shui eine entscheidende Rolle spielt. Die bildliche Vorstellung von Wind und Wasser ist dabei besonders geeignet, um sich den Flusscharakter unserer Wahrnehmungsprozesse zu vergegenwärtigen. Wir befinden uns in einem Quantenfeld, einem Feld, in dem alles mit allem in einer Resonanz ist. Nutzen Sie diese unendlichen Kräfte!

Je kongruenter Sie mit dem Quantenfeld in Ihrer Umgebung sind, desto höher ist der Wirkungsgrad Ihrer Aktivitäten, desto größer sind Ihre Erfolge, umso kreativer und vitaler sind Ihre tagtäglich nutzbaren Ressourcen.

Es ist die Zeit gekommen, in der ich Ihnen ganz klar veranschaulichen möchte, was Feng-Shui in der heutigen Zeit für die Geschäftswelt bedeutet:

»Energy flows where attention goes.« Wohin die Aufmerksamkeit geht, fließt auch die Chi-Energie. Ein großes Fenster mit einem schönen Ausblick lenkt unsere Aufmerksamkeit nach außen. Die Farbe Rot zieht uns magisch in ihren Bann und lenkt uns beispielsweise zu McDonalds hin. So wie die Farbe Rot sind es bewegliche Elemente und insbesondere Wasser, welches die Aufmerksamkeit und damit den Energiefluss zu den Eingängen der Banken hinlenkt.

Chi (oder die Qi-Faktoren) verweilen dort, wo die Aufmerksamkeit hingelenkt wird.

Glauben Sie mir: Wo immer Ihnen ein augenfällig besonders schönes Ambiente wohltuend erscheint, ist Feng-Shui nicht weit. Machen Sie sich auf diese Begegnungen gefasst. Besser noch, wenden Sie selbst Feng-Shui und seine Qi-Faktoren an oder holen Sie sich einen

Meister des Faches ins Haus. Sie werden staunen, wie viele Wohltaten Sie demnächst erhalten werden!

»Sprich und handle mit lauterem Geist,
und Glück wird dir nachfolgen
wie dein Schatten, der nie weicht.«

Der Dhammapada

Die Macht der Gedanken

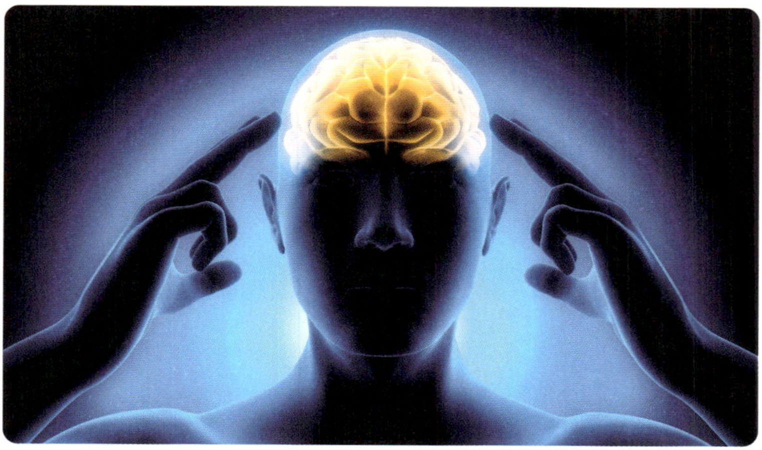

Jeder Tat geht der Gedanke voraus. Gedanken sind Energien, die in die Tat umgesetzt sichtbar werden. Deshalb gilt es, den Feng-Shui-Gedanken bei allem Handeln mit einzubeziehen:

1. Sie werden mit Ihren positiven Gedanken immer gute Räumlichkeiten und Umgebungen anziehen.
2. Sie werden hilfreichen Menschen und Mentoren begegnen.
3. Sie werden selbst kreativ, erfinderisch und energiegeladen sein. Scheinbare Hindernisse räumen Sie aus dem Weg.

Bevor Geschäftsräume gestaltet werden und Erfolg geplant wird, gehen Gedanken voraus. Der Gedanke ist der Urheber, die Kraft, der automatisch die Materie und damit das sichtbare Ergebnis folgt. Jeder Gedanke ist Energie, positive oder negative. Ein Gedankenstrom zieht immer eine Verwirklichung nach sich. Denn Gedanken sind Materie, oder ist die Materie etwa dasselbe wie ein Gedanke, immateriell? Der Physiker Hawking sagt, dass alles, ob Gedanken oder Materielles, aus kleinsten Lichtquantenteilchen, den Quarks, besteht und damit eins ist.

»Wir sind für das Resultat
unserer Gedanken verantwortlich.
Die Kraft der Gedanken, die Imagination
und die darauffolgenden Handlungen
erschaffen unsere Wirklichkeit.«

Eileen Caddy

Ein einziger Gedanke kann bereits Materie in Bewegung setzen.

Wenn Sie ein Geschäft, ein Office oder Ihre Karriere planen, sind die Gedanken lange vor der Verwirklichung am Werk. Ganz bestimmte Schritte müssen in der richtigen Reihenfolge gegangen werden, damit das Resultat Ihren Vorstellungen entspricht. Sie würden beginnen, den für Sie perfekten Ort zu wählen, dort das richtige Gebäude und die besten Räumlichkeiten. Sie werden Menschen finden, die Ihnen helfen, Ihren Traum zu verwirklichen.

Ziehen Sie mit Ihren Gedanken Helfer und Mentoren an!

Zieldefinierung

Ich wollte immer eine eigene Praxis – und dies schon zu dem Zeitpunkt, an dem ich noch arm war wie eine Kirchenmaus. Ich lernte deshalb so viel wie möglich, ging später auch nach China und erreichte mein Ziel. Brennt in Ihnen die Idee, die Vision? Dann ist so viel Energie da, dass Sie alles, aber auch alles schaffen, was Sie vor Augen haben. Definieren Sie auch den Zeitrahmen. Bis wann wollen Sie Ihr Ziel erreicht haben? Die Energie arbeitet dann auf dieses Ziel hin. Fragen Sie sich, welches Wissen nötig ist, um Ihre Vision zu verwirklichen. Ich habe es oft erlebt, dass meine Klienten nicht genau definieren konnten, was sie einmalig macht und von anderen abhebt. Deshalb an dieser Stelle: Wollen Sie das Chi, die Energie auf sich lenken, so müssen Sie ganz klar wissen, was Sie von Ihren Mitbewerbern unterscheidet.

Ich hatte früher eine Privatpraxis für Traditionelle Chinesische Medizin. Meine Kenntnisse von Feng-Shui nutzte ich in vollem Umfang, um einen Neustart in einer Gegend zu beginnen, die wohlhabend war. Ich hatte mir eine gute Adresse ausgesucht (Am Birnbaum) und dort einen großen Praxisraum gemietet. Das Haus lag auf einer Anhöhe, und man musste dementsprechend von der Straße nach oben gehen. Dies ist eine sehr gute Voraussetzung für den Neustart. Man geht tagtäglich bergauf, und so sollte es auch mit der Praxis sein. Ich ließ die Toilette renovieren, damit sie ganz und gar den medizinischen Anforderungen entsprach. Auf der anderen Seite brachte ich die Baguaspiegel (Achteckspiegel) zur Lenkung von Energien an der Tür an und verwendete einen großen Stein neben der Toilette, um die ungünstige Position der Toilette zu »korrigieren«. Ich wollte Erfolg und mir keinesfalls üble Energien antun. Den Behandlungsraum stattete ich mit zwei Liegen aus und holte mir eine Innenarchitektin, um die Beleuchtung und Abtrennung fachgerecht vornehmen zu lassen. Die großen Fenster gingen seitlich zu einem kleinen Gartenstück hinaus, und so war genügend Tageslicht im Raum. Alles passte: mein kleiner Wartebereich und auch die Anmeldung. Jetzt kam es nur noch darauf an, dass die Leute von mir erfuhren. Ich war frisch aus China zurückgekommen, und mir war klar, dass ich mich zunächst darum kümmern musste, wie viele Mitbewerber ich in meiner Umgebung hatte. Es stellte sich heraus, dass es nur wenige gab, die annähernd das konnten, was ich anbot. Dies war eine gute Voraussetzung. Wären es mehr gewesen, so hätte ich genau studiert, was ihr Angebot war, und hätte die Praxen auch besucht, um zu sehen, wie diese eingerichtet waren, wie die Stimmung beim Eintreten war, die Lage, die Parkplätze etc.

Nun kam es darauf an, mich zu präsentieren. Zunächst musste ein Logo entworfen werden, das ich nach den fünf Elementen gestaltete. Danach ließ ich mir nach meinen Vorstellungen des Feng-Shui das Briefpapier und auch die Visitenkarte entwerfen und einen Flyer. Ich hatte einige Mühe, die Telefonnummer zu bekommen, die einfach zu merken war und mit einer Acht endete – für Glück und Erfolg. Das

Gleiche machte ich mit meiner Autonummer – 888 – und der Kontonummer. Wichtig war, dass die letzten zwei Zahlen sehr positiv endeten: ...28. Dass dies nicht alles leicht zu bekommen ist, ist klar, aber es ist natürlich möglich, wenn Sie nur beharrlich genug sind. Ich entschloss mich zu einer ersten Werbung der besonderen Art: Ich schrieb auf Büttenpapier mit einem Füller. Und ich schrieb jeden Bewohner in den drei Straßen um mich herum an. Ich beschrieb mein Angebot und lud ihn zu der Praxiseröffnung ein. Dann ging ich von Haus zu Haus und ergänzte den Namen auf dem jeweiligen Briefumschlag.

Dann setzte ich die Praxisneueröffnung in die Zeitung, die ich mit einem kleinen Vortragsevent begann und bei der ich jedem potenziellen Patienten eine kurze Testung seines Gesundheitszustands anbot. Merken Sie sich: Geben Sie zunächst etwas, um auch in der Folge etwas zu erhalten. Seinen Sie aber in jedem Fall erst einmal bereit zu geben! Ich versäumte es nicht, auch die Presse einzuladen – und ich hatte Glück! Es kam eine Reporterin vom Wiesbadener Kurier. Ich hatte bereits einen Artikel vorbereitet, den ich ihr mitgeben konnte und den ich auch anderen Zeitungen anbot. Die Praxiseröffnungsfeier hatte ich im Übrigen auf einen günstigen Tag gelegt (schauen Sie hierzu in den Feng-Shui-Kalender, der jedes Jahr neu erscheint). Denken Sie auch in Zukunft daran, dass es ein Quäntchen mehr Glück bringt, wenn Sie an günstigen Tagen agieren, die Ihre Vorhaben unterstützen.

Das Entscheidende aber ist nun, dass Sie vor Ihrem Start genau wissen, was Sie so einmalig macht und welchen Mehrwert Sie Ihren Patienten oder Geschäftspartnern bieten, wenn Sie Ihre Leistung anbieten. Bei mir war es klar: Ich hatte Testverfahren gelernt, die anderen heute noch zum Teil ein Buch mit sieben Siegeln sind. Ich wusste, dass ich mit meinen Verfahren schneller an die Ursache der Erkrankung kam und vielfältige Möglichkeiten hatte, dann entsprechend Hilfe anzubieten. Jahrelang hatte ich sehr viel gelernt und meine ganze Freizeit mit Freude in die Ausbildung gesteckt, weil meine Vision, eine eigene Praxis zu besitzen und so gut wie nur irgend möglich zu sein, schon lange feststand. Ich konnte nun sagen: »Ich kann innerhalb kurzer Zeit schauen, was Ihr Problem ist, und zahlreiche Lösungsmöglichkeiten bieten.« Um es kurz zu machen: Meine Praxis war ein voller Erfolg, und noch heute, obwohl ich ausschließlich Feng-Shui anbiete, profitiere ich noch von den früheren Kontakten. Patienten wurden zu Freunden, und heute ist dies mein Motto bei der Beratung: Klienten werden zu Freunden!

Wenn ich heute meine Klienten aus Praxen, also meist Heilpraktiker und Physiotherapeuten, frage, fehlt ein wichtiges Detail: Sie können nicht mit wenigen Sätzen sagen, was für einen besonderen Wert sie mit ihrer Leistung bieten. Sie wissen nicht, was die Patienten anderen potenziellen Patienten von ihnen weitergeben, was sie so einmalig und unverwechselbar macht. Legen Sie falsche Bescheidenheit ab, auch wenn Sie Therapeut sein sollten. Fragen Sie sich: Welche Story erzählt man über mich? Was sagt beispielsweise ein Patient zum anderen, warum er unbedingt zu Ihnen gehen sollte? Nochmals: Was macht Sie einmalig und unverwechselbar? Welchen Mehrwert bieten Sie mit Ihren Leistungen, was hebt Sie von Ihren Mitbewerbern ab?

Innere Harmonie – der Beginn jedes guten Geschäftes

Bevor Sie selbst ein Unternehmen lenken und leiten, selbst dann, wenn Sie bereits aktiv sind, stellen Sie sich immer die Frage: Tue ich auch genügend für mich? Bin ich selbst gesund? Was kann ich für mich tun, damit ich die Leistungsfähigkeit für meinen Beruf habe?

Ein Weg zu mehr Seelenfrieden im Leben

Pflegen Sie Ihre Gesundheit, Ihr Gleichgewicht und sorgen Sie für Pausen und Kopffreiheit. Für die innere Harmonie können Sie viel tun. Dazu ist die Ernährung wichtig, Bewegung, Ihre Gedanken und Ihre Zufriedenheit mit sich und Ihrem Umfeld. Fragen Sie sich bewusst, was Sie vom Leben wollen. Sind Sie dort richtig, wo Sie sind? Tun Sie das, was Ihnen am Herzen liegt? Innere Balance findet man, indem man lernt, mit sich selbst und mit der Welt in totaler Akzeptanz und Frieden zu leben. Sie können den Lauf der Welt nicht ändern. Nur Ihre eigene Haltung. Hektik, Stress und der normale Alltagswahnsinn bringen uns manchmal aus der Spur. Sind wir einmal aus der Balance geraten, ist es oftmals schwierig, unser inneres Gleichgewicht wiederzufinden. Die Dinge geschehen, wie sie geschehen. Was sein wird, wird sein. Sie werden feststellen, dass Ruhe und Gelassenheit wirksame Mittel sind, um schwierige Situationen zu überwinden und in Ruhe zu überdenken.

Ein weiteres Hilfsmittel, um seine innere Balance wiederzuerlangen, ist, tägliche Meditationen in den Alltag einzubauen. Meditieren Sie regelmäßig. Es beruhigt Ihren Geist und führt dazu, dass innere Stille einkehrt. Wenn man eine Stunde richtig meditiert, dann dauert die Geisteshaltung, die man in der Meditation erreicht, während der nächsten dreiundzwanzig Stunden weiter an, und der Geist ruht in seiner Mitte. Suchen Sie Ihre Mitte, den Ort des inneren Friedens. Stellen Sie sich einen Ventilator vor. Wenn er in Betrieb ist, können Sie durch die Schnelligkeit die Rotorblätter nicht mehr klar sehen. Halten Sie aber den Ventilator an, ist wieder jedes Detail sichtbar und Klarheit entsteht!

Das Grüßen

Ich habe ebenfalls sehr gute Erfahrungen mit dem Grüßen gemacht. Wer andere grüßt, obwohl sie sich nicht wünschenswert verhalten haben, zeigt Größe und damit auch ein Vergeben und Verzeihen seinerseits. Wer den anderen grüßt, obwohl er nicht zurückgrüßt, zeigt innerliche Gereiftheit und macht sich selbst damit ein Geschenk. Aufrichtig und ohne einen Quergedanken des Negativen kommt dieser ehrlich gemeinte Gruß immer an! Egal wie der andere reagiert! Er empfängt! Er empfängt mit dem Gruß Ihre »Handreichung«. Es liegt an ihm, sie auch anzunehmen. Ihrer Seele aber tut dieser Gruß gut, und Sie sind wieder ein Stück weiter vorangekommen, Ihren Zellen den Seelenfrieden zurückzugeben und damit Ihre Gesundheit zu erhalten oder wiederherzustellen.

Das Zeigen offener Handflächen

Offene Handflächen zu zeigen, ist dann wichtig, wenn Sie mit Ihren Worten Ehrlichkeit vermitteln wollen. Es ist ein Zeichen, dass Sie nichts zu verbergen haben, sprichwörtlich nichts im Hinterhalt haben. Denken Sie einmal darüber nach, und beobachten Sie auch bei Ihrem Gegenüber die Haltung der Hände.

Die Weitsicht

Weitsicht bedeutet, dass man in einer entscheidenden Situation abwägen kann, was man tut und welche Folgen dies haben kann. Ich kann nur jedem Leser empfehlen, die Weitsicht in jede seiner

Handlungen im Leben zu integrieren. Handeln Sie nicht aus dem Affekt heraus. Atmen Sie erst einmal tief aus. Holen Sie sich Verbündete oder teilen Sie Ihre Gedanken mit wahren Freunden. Weitsicht zu zeigen, kann auch bedeuten, sich Geld anzusparen für den schlimmsten Fall, von dem niemand anderes als Sie selbst wissen muss. Das beruhigt mitunter die Nerven und hilft in der einen oder anderen Situation sehr, auch im Hinblick darauf, die Gesundheit zu erhalten. Wer immer blauäugig durchs Leben geht, wird ohne Weitsicht so manch eine böse Überraschung erleben können.

Weitsicht zu zeigen, heißt natürlich auch, dass man sich seine Worte überlegt. Überlegen Sie, ob Sie dies oder jenes tatsächlich sagen *müssen* oder ob es nicht besser ist, in dem einen oder anderen Fall den Mund zu halten.

Weitsicht bezieht sich natürlich auch auf Ihre Handlungen. Wissen Sie sicher, wo Sie in einem oder in zwei Jahren stehen wollen, was und wer Sie sein möchten oder wo Sie sich gern aufhalten würden? Machen Sie sich darüber Gedanken, denn aus Gedanken werden Taten!

Andererseits kann die Weitsicht hier auch einschließen, dass Sie ganz und gar Ihre »Handlungsweisen« überdenken. Für den einen bedeutet dies, mitunter das Gespräch zu suchen, statt Gewalt anzuwenden. Für den anderen kann dies bedeuten zu überlegen, ob der Schritt zum Chef wegen einer Gehaltserhöhung oder einer aus dem Bauchgefühl heraus entstandenen Wut und daraus resultierenden Kündigung jetzt wirklich der beste Schritt ist. Zeigen Sie Weitsicht, wenn Sie einen Ehevertrag unterschreiben, einen Hauskauf tätigen usw. Gerade beim Hauskauf verschuldet sich so mancher bis zu seinem Rentenalter. Muss das sein? Vielleicht genügt es, seine Wünsche zu überprüfen und in eine andere, preiswertere Gegend zu ziehen, in ein kleineres, bezahlbares Haus? Die »Weitsicht« bewahrt Sie vor so manchem Kummer und damit vor möglichen gesundheitlichen Schwierigkeiten.

Ein Hotelier aus Corvara in Südtirol denkt weiß Gott nicht mit Weitsicht. Freunde von mir schicken ihm immer wieder Gäste. Als einer der Gäste wegen eines Unfalls einen Tag früher abreisen musste, wurde ihm nicht nur dieser Tag, sondern auch das nicht eingenommene Frühstück in Rechnung gestellt. Der Hotelier ließ nicht mit sich reden. Der Gast bezahlte, war verärgert und wird in Zukunft keinen Schritt mehr in dieses Hotel setzen und es schon gar nicht weiterempfehlen. Der Hotelier hat damit nicht nur einen Gast, er hat auch weitere potenzielle Gäste verloren. Die beste Propaganda ist immer die Mund-zu-Mund-Propaganda! Als ich dort war, nahm ich mir den Hotelier zur Seite und sagte, dass es sicherlich eine gute Geste wäre, wenn er meinen Freunden, die ihn schon so vielen, wie auch mir, empfohlen hatten, eine Geste der Anerkennung geben würde. Vielleicht könnte er ihnen sogar eine Übernachtung schenken oder was auch immer er bereit sei zu tun, wenn schon elf Personen bei ihm waren – allein durch ihre Empfehlung! Als ich meine Freunde, die eine Woche später dort genächtigt hatten, darauf ansprach, hörte ich: »Oh, er hat uns eine Flasche Wein geschenkt!« Ich denke, dazu ist jeder Kommentar überflüssig ...

Das Lachen

Lachen ist reinste Medizin! Wer sein Leben in Frieden mit sich und anderen lebt, ist ja schon ein ganzes Stück weiter. Wer dazu noch lachen kann, vitalisiert alle seine Zellen. Lachen ist ansteckend und macht fröhlich. Wer lacht, ist um Jahre jünger! Schauen Sie sich Filme zum Lachen an, und schaffen Sie sich Witze und Lektüre an, um zu lachen. Sie können auch ins Internet gehen, um sich Witze anzuschauen. Aber vor allem: Lachen Sie auch mit anderen, in der Gemeinschaft! Gehen Sie zu einem Lachseminar oder einer geselligen Runde. Da, wo man lacht, da lass dich ruhig nieder! Lachen ist die beste Medizin, es löst Verkrampfungen und beugt so mancher Erkrankung vor. Bringen Sie andere zum Lachen oder lächeln Sie diese zumindest an.

Eine Klientin von mir wollte gern befördert werden. Ich schaute mir ihren Arbeitsplatz an. Sie hatte schon vieles getan, was wichtig war. Eines aber fehlte: Ihre Mundwinkel hatten immer einen Abwärtstrend. Damit erscheint man seinem Gegenüber missmutig oder sogar abweisend. Nach Vera Birkenbihl, einer Legende des Business Coachings, springen Synapsen im Gehirn an, die auf Freude schalten, wenn wir die Mundwinkel nach oben ziehen. Damit erreichen wir nicht nur für uns selbst, sondern auch für andere eine positive Stimmung. Diese erleichtert auch den Umgang mit den lieben Kollegen. Ich empfahl der Klientin, auf den Schreibtisch einen kleinen Spiegel zu stellen, so dass sie sich auch beim Telefonieren »kontrollieren« konnte und natürlich auch zwischendurch. Dazu empfahl ich ihr das Element Wasser, welches sie, eine Frau, geboren im Jahr des Holzes, unterstützte. Beides zusammen brachte ihr den ersehnten Erfolg!

Das Danken

Es gibt viele Anlässe zu danken. Man kann allein schon dafür danken, dass man ein Dach über dem Kopf hat. Auch dies ist es wert, danke zu sagen. Ich liebe es zu danken und tue es täglich. Ich danke beispielsweise für den schönen Tag, dass ich die Schönheit der Natur sehen kann, wenn ich mit dem Auto zu meinen Klienten fahre. Ich danke dafür, dass ich eine Familie habe, dafür, dass es allen gut geht und sie gesund sind. Glauben Sie mir, es gibt ständig Anlass zum Danken!

Das Problem ist meist, dass die Menschen allzu oft vergessen, danke zu sagen. Sie glauben, dass sie sich über alles Mögliche und Unmögliche beschweren müssten. Das Danken kommt hierzulande erst sehr spät. Jeder Mensch, der gesund ist, kann dankbar dafür sein, jeden Tag! Der Gedanke wird zur Materie! Kranke Gedanken machen krank! Gesunde Gedanken aber können selbst die ungünstigste Prognose wandeln, den ärztlichen Prophezeiungen zum Trotz. Das setzt voraus, dass wir die Dankbarkeit offen und ehrlich meinen – und genau in diesem Moment geschehen Wunder. Schon in der Bibel steht:

Danket dem Herrn.

Altes Testament nach Psalm 106

Liebe Leser, auch der Glaube an Gott und die Dankbarkeit in seine Richtung helfen. Denn Danken drückt ja geradezu die Einsicht aus, dass nicht alles selbstverständlich ist. Danken drückt den Respekt vor dem aus, was allgemein hin als selbstverständlich gilt. Unsere Vorfahren dankten beispielsweise der Erde, wenn sie von ihr ernten durften, und sie dankten dem Himmel, wenn es regnete, damit der Boden nicht ausdörrte. Der Dank wird heute noch in Form des Erntedankfestes ausgesprochen als Kommunikation zwischen Himmel und Erde. Gemeinsam mit anderen Menschen ein Erntedankfest zu begehen, schließt auch ein, dass man im Gefühl des Verbundenseins mit anderen ist und dankbar sein kann, dass es andere Menschen gibt, mit denen man zusammen sein kann. Danken wir dem Freund oder unseren Freunden, dass sie für uns da sind. Das ist eine aktive, der Seele wohltuende Pflege der Beziehung.

Bei Lukas steht: »Wie ich denke, so danke ich.« Denken wir doch einmal über das Danken nach, um uns wohler zu fühlen und um unser Leben besser, schöner und bereichernder zu machen. Denn eine Revitalisierung schließt den Gedanken des Dankes voll und ganz mit ein.

Bitten Sie!

Das Danken fällt dem einen oder anderen noch leicht, aber das Bitten ist für sie schwer. Warum? Wer bittet, dem wird gegeben, heißt es. Wenn Sie Durst haben, bitten Sie um ein Glas Wasser. Wenn Sie etwas benötigen, dann bitten Sie doch einfach darum. Wenn Sie nicht bitten, kann Ihr Gegenüber nicht immer wissen, was Sie möchten oder was Ihnen am Herzen liegt. Nicht jeder ist ein Hellseher!

Bitten Sie um so vieles mehr. Es macht Ihr Leben reich!

Gedanken wandeln

Wandeln Sie Gedanken von Ärger um in etwas anderes, etwas Schöneres. Beispielsweise kann ich meine Gedanken statt auf ein Störgeräusch auf das Vogelgezwitscher lenken. Oder wenn ich in Hetze bin und etwas nicht mehr ändern kann, wie es ist, wenn ich im Stau stehe und unweigerlich zu spät kommen werde, dann rufe ich zunächst an und dann entspanne ich mich. Ich kann ja den Stau nicht wegbeamen, aber ich kann in der Zeit Anrufe erledigen, eine Kassette hören oder etwas lesen. Vielleicht nehme ich auch einfach nur einmal die Gegend genauer in Augenschein oder halte mit dem Nachbarn hinter, vor oder neben mir ein Schwätzchen. Kann ich einen Zustand nicht ändern, dann kann ich meine Haltung dazu aber wandeln und das Positive daran sehen.

Nein sagen können

Denken wir nur einmal an die vielen Menschen, die nicht nein sagen, weil sie Angst vor den Konsequenzen haben. Ein Nein entspringt beispielsweise dem Gedanken: »Ich möchte meine Freizeit anders verbringen, es würde mich quälen, diese Einladung anzunehmen. Ich bin es mir wert, nein zu sagen. Man wird mich deshalb nicht mehr oder nicht weniger mögen, nur weil ich mich so entscheide. Man kann es ohnehin nicht allen Menschen auf diesem Planeten recht machen. Also entschließe ich mich zu einem gesunden Nein, um mir etwas Gutes zu tun und um andere nicht mit meiner mürrischen bloßen Anwesenheit zu schrecken. Es würde weder ihnen noch mir etwas bringen, dorthin zu gehen. Also sage ich nein und fühle mich wohl bei diesem Gedanken.«

Ich kann nur all meinen Lesern mit auf dem Weg geben, darüber nachzudenken, wann sie ihr Ja gegen ein Nein tauschen wollen. Allein an dieser Stelle erreichen wir wesentlich mehr Lebensfreude und Energie, wenn die Entscheidung auch einmal mit einem Nein versehen ist.

Verzeihen Sie!

Entschuldigen Sie sich lieber einmal zu viel als einmal zu wenig. In erster Linie geht es darum, dass Sie den Grund wirklich einsehen und dies in Ihrem Herzen fühlen. Versetzen Sie sich in die Lage Ihres Gegenübers. Wie fühlt er sich? Es fällt niemandem ein Zacken aus der Krone, wenn er dem anderen verzeiht, aber es befreit Sie und bringt Ihnen Seelenfrieden und dann ... mehr Energie! Es macht Ihren Kopf frei für andere Gedanken! Eine Klientin von mir hat ein altes Schwiegermutterproblem. Bei der Beratung war klar, dass die Wunden sich niemals schließen werden, wenn sie ihr nicht verzeiht. Ihre Töchter haben diesen Schritt bereits getan, sich ihrer Großmutter wieder angenähert und sich mit ihr versöhnt. Wenn ihre Zeit gekommen ist, wird meine Klientin es auch tun. Dann ist sie frei für ihr eigenes Leben, und ihre Energie wird ansteigen. Neue Tatkraft wird sie erfüllen!

Bitten Sie um Vergebung!

Den anderen um Vergebung zu bitten, fällt oft schwer. Sind es aber nicht gerade Uneinsichtigkeit und Sturheit, die davon abhalten? Was kann schon passieren, als dass Ihr Gegenüber Ihnen nicht vergeben will? Sie haben es aber versucht und müssen sich nicht ständig mit dem Gedanken beschäftigen, wie es wäre, wenn Sie es täten ...

Fühlen Sie Fülle!

Sie möchten viel erreichen, davon gehe ich aus. Sie möchten erfolgreich sein. Wunderbar! Dann üben Sie sich täglich. Bietet man Ihnen an: »Möchten Sie einen Kaffee oder Wasser?« »Gern beides!«, könnte Ihre Antwort lauten. Wenn man Ihnen etwas gibt, nehmen Sie es an. Sie können dies auch weitergeben, wenn Sie selbst es nicht benötigen sollten. Fühlen Sie die Fülle und nehmen Sie sich Zeit! Ich lege mich im Sommer nach den Beratungen gern auf die Wiese und schaue in die Wolken. Ich fahre nicht mehr ganz schnell nach Hause, um dann im Dunkeln anzukommen und den Tag verpasst zu haben. Nein, ich nehme die Fülle des Lebens und gönne mir eine halbe Stunde oder Stunde in der Sonne. Oder eine Klientin, die gern backt, freut sich, wenn ich auf einen Sprung vorbeikomme und mit ihr Kaffee trinke. Das ist einfach herrlich! Ich liebe diese Fülle, aus der ich schöpfen darf: den gedeckten Tisch, den dampfenden Kaffee, die Freude meiner Klientin und die erquicklichen Gespräche. Das ist Fülle für mich.

Was ist für Sie Fülle? Wie nehmen Sie sich jeden Tag ein Stück der Fülle des Lebens?

Was Ihnen Feng-Shui nicht abnehmen kann

Wenn Sie die Seiten des Buches bis hierher gelesen haben und sicher sind, dass Sie bereits eine Menge tun und an sich arbeiten, um Erfolg zu haben, so gehen wir an dieser Stelle noch einen Schritt weiter. Es geht um das, was Sie Ihren Kunden, Patienten oder Klienten bieten. Es geht darum, wie Sie sich ihnen gegenüber verhalten. Das im Buch nachfolgend aufgeführte Interieur-Erfolgsmanagement kann Ihnen ein Umfeld schaffen, das Ihnen Flügel verleiht und Sie hoch motiviert. Die Kenntnisse über die richtige Lage Ihres Business werden Ihnen die Augen öffnen und Sie sensibler gegenüber Angeboten machen, die Sie dann im Vorfeld lieber ablehnen oder zu denen Sie mit Freude greifen werden. Dennoch: Die Zutaten, die Sie Ihrerseits zu einem gelungenen Erfolgskonzept noch hinzugeben können, werde ich Ihnen im Folgenden näher erläutern. Lesen Sie zuerst den chinesischen Begriff und dann, was sich hinter ihm verbirgt.

Kan – Qualität und Flexibilität

Sie sollten bestrebt sein, Ihr Produkt (welches auch Ihre Arbeitsleistung sein kann) zur vollsten Zufriedenheit des Kunden (oder des Chefs) zu gestalten, Qualität zu liefern. Sie sollten bereit sein, sich immer den Wünschen der Kunden (oder der Firma) anzupassen und dabei Modetrends und Geschmacksrichtungen vorzeitig zu erspüren. Darüber hinaus benötigen Sie für Ihr Vorwärtskommen den *Willen zur Veränderung*! Ich bin mir sicher, dass sie diesen bereits haben, sonst hätten Sie dieses Buch nicht zur Hand genommen hätten. Mit Feng-Shui werden Sie Wege gehen, die ganz außergewöhnlich sind. Sie sind scheinbar bereit dazu, sonst hätten Sie nicht bis zu dieser Stelle gelesen.

Li – Freundlichkeit und Spaß

☲

Im Umgang mit Ihren weiblichen und männlichen Chefs, Mitarbeitern oder Kollegen benötigen Sie *Freundlichkeit*, denn ein Lächeln kann Berge versetzen! Lächeln ist bekanntlich auch am Telefon zu hören. Das ist ein Grund, warum auf manchen Schreibtischen Spiegel stehen. (Andererseits dienen die Spiegel auch der rückwärtigen Kontrolle, damit man auch hinter sich alles im Griff hat.) Eigenkontrolle ist bekanntlich das beste Mittel, um sich zu verändern. Lächeln Sie, so werden Ihre Wangenmuskeln auf einen Nerv drücken, der eine Art »Freudenhormon« ausstößt – und damit wirken Sie auch negativem Stress entgegen. Immer wenn Sie verärgert sind, bekommen Sie durch ein Lächeln wieder einen »klaren Kopf«, und Sie werden Erst- wie Altkunden mit Ihrer freundlichen Art gewinnen. Lächeln Sie natürlich auch, wenn Sie einen Brief schreiben. Zwischen den Zeilen bemerken die Leser, ob Sie gelächelt haben, wohlwollend gesonnen waren – oder eher nicht.

Anerkennung der Leistungen durch andere ist die Triebfeder aller Bemühungen. Diese erreichen Sie durch *Mitgefühl und Toleranz*. In einer Firma, in der sich die Mitarbeiter und Kollegen respektiert, geachtet und wertvoll fühlen, arbeiten sie auch gern. Stellen Sie sich letztlich noch die Frage, ob Sie wirklich *Spaß an Ihrem Beruf* haben ... Alles, was Sie tun, um Geld zu verdienen, sollte Ihnen Freude bereiten und für Sie mit einem Ziel verbunden sein, auf das Sie hinarbeiten.

Spaß und Zielklarheit gemeinsam verleihen Ihnen die Flügel zum Aufstieg. Überprüfen Sie, ob das, was Sie tun, auch das ist, was Sie wirklich gern tun. Einer meiner Bekannten, ein Geschäftsmann, steckte zwei Drittel seiner Zeit in das Sammeln von Oldtimern, ein Drittel in sein Geschäft. Heute hat er ein Autogeschäft, das andere gab er auf, weil er das Prinzip verstanden hatte. So ist er erfolgreich und hat Spaß!

Und bitte glauben Sie mir: *Es passiert das, was man sich sehnlichst wünscht und visualisiert!*

Ken – Optimismus, Glaube und Vertrauen

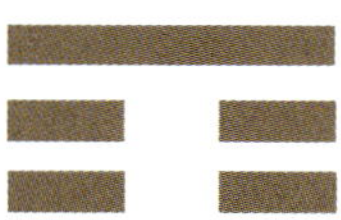

Vergeben Sie Mitarbeitern, Kollegen und sich selbst natürlich auch, wenn Fehler entstanden sind. Wer arbeitet, Verantwortung trägt und Einsatz zeigt, wird nicht ohne sie auskommen, um sich weiterzuentwickeln. Fehler sind die Triebfeder für Veränderungen!

Warum ragen die Erfolgreichen aus der Masse der Mittelmäßigen heraus? Sie haben ein gutes Prinzip von Wind und Wasser in ihren Räumen und natürlich *Optimismus*. So können Sie auch im Sturm des Konkurrenztreibens und der Inflation das Schiff sicher durch das Riff segeln. Optimismus ist lernbar, ist er doch eine Lebenshaltung, die den guten Ausgang sieht und Vertrauen in die Entwicklung von Prozessen hat. Der Glaube versetzt bekanntlich Berge. Das haben Sie schon oft gehört. Aber an was glauben Sie persönlich?

Wenn Sie die Firma, ein Geschäft oder die Praxis von jemandem übernommen haben oder sogar als Familienunternehmen weiterführen, so danken Sie demjenigen dafür. Errichten Sie einen Platz des Dankes oder hängen Sie ein Bild von ihm auf. Es geht in diesem Buch um Energien, um das, was wirkt, ohne dass Sie es sehen müssen. Wer dankt und Anerkennung für die Leistungen seiner Wegbereiter spürt, wird selbst auch Glück auf seinem Weg haben!

Chien – gute Beziehungen zu anderen

Halten Sie Ihre zeitlichen Versprechen ein, und lassen Sie Pünktlichkeit bei Verabredungen sowie auch in der Lieferung walten. Wer sich nach oben hin durcharbeiten möchte, der weiß, wie wichtig diese Strategie ist – und wie gut, wenn der Kunde zufrieden ist, weil seine Lieferung pünktlich eintraf. Wer eine *gute Übereinkunft mit seinen Angestellten und Geschäftspartnern* hat, der ist dem ersehnten Ziel seines Wirkens näher.

So können Sie dies bewerkstelligen: Hören Sie gut zu und merken Sie sich Namen sowie persönliche Dinge Ihrer Geschäftspartner und Mitarbeiter, dann können Sie im richtigen Augenblick für kleine Aufmerksamkeiten und Nachfragen sorgen. Das bringt Nähe und Vertrauen. Fragen Sie sich, ob Sie die Bedürfnisse Ihrer Geschäftspartner und Mitarbeiter genügend im Auge haben. Bedenken Sie: Der Mitarbeiter, jeder Einzelne, ist ein wichtiges Rad im Getriebe!

Tui – die Zukunft entwickeln

Ein wesentlicher Punkt des Erfolges liegt darin, dass Sie nicht nur auf Ihre Mitbewerber schauen, sondern auf das, was Sie erreichen wollen. Die Schritte sollten Sie auf ein Jahr verteilt sehen, auf fünf und schließlich auf zehn Jahre. Wo wollen Sie in zehn Jahren sein? Welche Schritte leiten Sie dazu ein? Sehen Sie Ihre

Ziele bereits als verwirklicht, so dass genügend Energie bereitsteht, um sie zu erreichen. Man spricht hier vom »visionären Management«. Haben Sie Visionen? Wenn Sie diese klar vor Augen sehen und Ihr Glaube diese im Visier hat, können Sie jedes gewünschte Ziel erreichen. Beispiel: Sie wollen den besten Verkauf eines Produktes erreichen, und Sie sehen sich in der Zukunft als den größten Verkäufer aller Zeiten. Wenn aber Ihr Glaubenssystem Ihnen das nicht zutraut, dann werden Sie Ihr Ziel nicht erreichen. Bedenken Sie, dass sich allein mit Hilfe des Glaubens zirka neunmal häufiger Erfolg einstellt als »nur« mit Intelligenz.

Der Stressfaktor

Herrscht an Ihrem jetzigen Arbeitsplatz Stress?

Es gibt Eustress und Disstress. Bei Letzterem reden wir nicht von erfreulichem Stress, sondern von dem, der krank macht. Oft ist dieser Stress auch ein Auslöser dafür, sich selbstständig zu machen. Sein eigener Herr sein, selbst bestimmen und sich vor allem nicht mehr bestimmen lassen – das sind mitunter Triebfedern für die Selbstständigkeit. Dennoch gilt: Wer davonrennt, hat noch lange nicht die Problematik gelöst. Selbst wenn Sie gehen, machen Sie vorher den Mund auf und reden Sie über die Probleme. Nichtausgesprochenes quält Sie wesentlich länger als Ausgesprochenes! Sagen Sie es doch! Machen Sie den Mund auf! Achten Sie nur darauf, wie Sie es sagen! Verletzen Sie andere nicht und bleiben Sie freundlich. Setzen Sie sich aufrecht auf den Stuhl und strecken Sie Ihr Brustbein nach vorn. Senken Sie leicht das Kinn und legen Sie die Hände auf den Tisch. Schauen Sie Ihrem Gegenüber in die Augen. Man kann genau sehen, wenn jemand lügt, weil er dann beispielsweise die Augen niederschlägt, weil er »es« nicht sehen will ... Er versteckt seine Lüge hinter geschlossenen Lidern!

Stress am Arbeitsplatz

Gerade der Arbeitsplatz kann ein großes Stresspotenzial in sich bergen, das dann zu nervlicher Überlastung bis hin zu Krankheiten führen kann. Ich habe einmal eine Klientin erlebt, die, nur um von ihrem Arbeitsplatz wegzukommen, alles getan hat. Sie hat eine Bagatelle an ihrem rechten Arm zum Problem ausgeweitet, damit sie arbeitsunfähig wurde. Sie hat es so weit getrieben, dass sie tatsächlich immer mehr Probleme und natürlich auch Schmerzen im Arm bekam. Sie hätte geheilt werden können! Ich sprach sie darauf an. »Ich kann doch jetzt nicht wieder gesund werden«, sagte sie. »Dann muss ich ja wieder ans Fließband zurück!« Für sie eine grauenvolle Vorstellung. Ihre Gesundheit aber konnte sie auf diese Weise nicht wiederherstellen. Damit es Ihnen nicht so geht wie ihr, möchte ich Ihnen nachfolgend ein paar Tipps geben, die Ihnen garantiert helfen werden.

Schreiben Sie sich einmal auf, was Ihnen an Ihrem Job gefällt und was nicht. Wenn es Probleme am Arbeitsplatz gibt, dann fragen Sie sich, ob Sie das Problem lösen können oder sich vom Problem lösen sollten.

Mischen Sie sich nicht in alles ein. Fragen Sie sich zunächst: »Ist das mein Problem? Geht mich das etwas an?«

Spielen Sie nicht den Richter. Wer richtet, wird selbst gerichtet! Wer richtet, lädt sich ein gewisses Maß an Schuld auf. Gerade dann, wenn man »falsch« richtet.

Wenn Mobbing entsteht, dann bitten Sie ältere oder stärkere Personen, d. h. die Personen um Rat, die das Sagen haben. Sie werden von den anderen geachtet und respektiert. Wenden Sie sich an diese Menschen, wird man Ihnen Hilfe und Schutz zuteilwerden lassen. Wer bittet, dem wird geholfen! Werden Sie nicht zum Schleimer! Eine Bitte hat nichts damit zu tun, dass man zu einem solchen werden muss.

Reden Sie mit Ihren Kollegen. Fragen Sie sie, wie es ihnen geht! Merken Sie sich Details Ihrer Kollegen, wie Geburtstage, besondere Vorlieben auf dem Gebiet des Sports, ihre Urlaubsziele oder ihre Essensgelüste. Fragen Sie Ihre Kollegen auch danach, wie es ihrer Familie geht, den Kindern, der Frau oder der kranken Schwiegermutter. Wer fragt, deutet damit auch sein Mitgefühl und Interesse an! Ich hatte immer kleine Karteikarten, auf denen ich mir Notizen machte. Vielleicht ist dies für Sie auch hilfreich, liebe Leser.

Bringen Sie doch mal eine kleine Aufmerksamkeit mit: einen selbst gebackenen Kuchen, einen Salat oder eine Tafel Schokolade. Dies wirkt oft Wunder!

Wenn es einen Störenfried geben sollte, dann sprechen Sie mit ihm allein, denn im Beisein von anderen muss er »kämpfen«, sich »verteidigen« oder Sie sogar »angreifen«. Deshalb gilt: Sprechen Sie ihn allein. Sie können das Gespräch beispielsweise so beginnen: »Ich habe den Eindruck, dass Sie etwas an mir stört.« Sie können das Gespräch beenden, indem Sie beispielsweise sagen: »Ich lasse Sie in Ruhe und Sie lassen mich in Ruhe. Können wir Frieden schließen?«

Zeigen Sie Ihre hilfsbereite Seite und haben Sie zum Beispiel folgende Dinge immer in petto: Klebstoff, Pflaster, eine Schmerztablette, einen Textmarker, eine Rolle Toilettenpapier, eine Taschenlampe, ein Feuerzeug (auch wenn Sie nicht rauchen) oder Tempotaschentücher. Vielleicht fällt Ihnen noch etwas ein, was häufig nicht da ist, was Sie aber aus dem Ärmel zaubern könnten.

Wenn Sie jemand angreift oder zur Rede stellt, dann bleiben Sie cool. Stellen Sie dem Angreifer gegenüber Fragen: »Wie meinen Sie das? Wieso, weshalb, warum?« Stellen Sie immer Fragen mit W-Wörtern! Das entschärft die Situation und der andere hat Gelegenheit, seine Aussage neu zu formulieren. Sie selbst gewinnen damit die Situation. Also: Nicht aufregen! Fragen Sie einfach!

Bleiben Sie weitsichtig. Wer weitsichtig ist, ist immer auf der starken Seite. Fragen Sie sich, wenn Sie kündigen wollen: »Was passiert, wenn ich jetzt kündige? Löse ich damit das Problem?«

Lieben Sie Ihren Nächsten wie sich selbst, auch wenn Ihnen dies jetzt absurd vorkommen sollte. Das heißt natürlich in erster Linie, dass Sie sich selbst lieben sollten. Denn die Liebe fügt zusammen, bildet eine Einheit zwischen Menschen und trägt zur Harmonie bei.

Sorgen Sie dafür, dass Sie weder Schweißgeruch verbreiten noch Mundgeruch. Beides kann Ihnen viel Antipathie Ihrer Kollegen einbringen.

Fragen Sie sich, was von Ihnen gefordert wird. Versetzen Sie sich in die Rolle des Chefs!

Wie sehen Sie sich? Was können Sie an sich ändern oder verbessern?

Verraten Sie die Fehler Ihrer Kollegen nicht! Verschweigen Sie aber auch Ihre eigenen Fehler nicht! Stehen Sie dazu! Stellen Sie erkannte Fehler ab!

Stress vermeiden

Wir reden hier von ungesunden Stressfaktoren, die das Leben erschweren können. Das ständig klingende Telefon kann eine nervliche Belastung sein. Wer mehr Ruhe braucht, kann es zunächst mit ein bisschen mehr »Erdung« versuchen in Form eines Steines auf seinem Tisch. Der Anblick von Halbedelsteinen oder auch Flusssteinen beruhigt. Wer Stress vermeiden will, kann vollgestopfte Aktenregale, eine dunkle Einrichtung und blendendes Licht nicht gebrauchen. Wer sich befreit von schwer beladenen Schreibtischen, vollen Papierkörben und vollgestellten Laufzonen, der wird bald wieder durchatmen und sagen können: »Stress ade.«

Wer die Tür im Auge behält, der braucht nicht ständig indirekte Kontrolle zu üben, indem er sich umdreht. Es nervt ja in der Tat, wenn man nicht sehen kann, was hinter einem passiert, oder?

Wer in direkter (Konfrontations-)Linie jemandem gegenübersitzt, wird seine liebe Not haben, seine Konzentration zu behalten. Schon im alten China rückte man bei Gesprächen nebeneinander, um Konfrontationen aus dem Weg zu gehen. Direkte Blickkontakte erzeugen Stress, was dazu führt, dass sich jeder eine Art Barriere zum anderen hin aufbaut – notfalls mit allerlei Schreibutensilien. Mein Rat: Wer nicht anders als sich gegenübersitzen kann, sollte einen Tischparavent aufstellen und je eine Pflanze auf seine Seite stellen, so dass das Miteinander von Harmonie getragen ist.

Vermeiden Sie auch Tische, die in einer Reihe hintereinander aufgestellt sind. Sie erzeugen sogenannte geheime Pfeile, man könnte auch sagen: lange Wege des Chi. Das Ergebnis solcher Anordnungen ist, dass man nicht erntet, was man sät. Man wird die Früchte seiner Arbeit zerstreuen, sagen die Chinesen. Verteilen Sie die Tische im Raum, und alles läuft besser.

Stress können auch sichtbare Deckenbalken über den Köpfen verursachen. Rücken Sie am besten unter ihnen weg oder streichen Sie sie weiß wie die Decke.

Stress kann auch erzeugt werden, wenn Sie von Ihrem Arbeitsplatz aus durch die geöffnete Tür in das gegenüberliegende Büro schauen können. Sie fühlen nicht nur einen leichten Windzug, einen Sha-Pfeil, Sie fühlen sich mitunter auch beobachtet. Schließen Sie die Tür oder setzen Sie sich aus der direkten Linie weg.

Stress wird auch erzeugt, wenn Sie Sichtfenster neben der Bürotür haben. So sind Sie jederzeit kontrollierbar und Ihr Unterbewusstsein fühlt sich gestresst.

Stress wird auch erzeugt, wenn Sie in einem Glaskasten von Büro sitzen und andere schauen Ihnen bei der Arbeit zu. Achten Sie in diesem Fall darauf, dass Sie hinter sich vor die Glaswand ein Bild hängen, um Rückenschutz zu erhalten. Wenn genügend Platz ist, dann stellen Sie auch zu beiden Seiten Ihres Arbeitsplatzes Pflanzen auf, um sich »Tiger« und »Drache« zu erzeugen, und setzen Sie sich mit dem Blick zur Tür. Wenn Sie an den übrigen Glasflächen je einen großen Kristall aufhängen, so werden Sie sich augenblicklich besser fühlen.

Eine Frankfurter Export-Importfirma litt sehr stark unter dem hohen Krankenstand der Mitarbeiter. Das Problem war in der Tat der

Stress, der durch die Glaskastenbüros erzeugt wurde, zumal die Chefin von ihrem Büro am Ende des Ganges alles überblicken konnte. Meine Empfehlungen beriefen sich auf die oben beschriebenen Bilder, Pflanzen und Kristalle. Nach einem Jahr war der Krankenstand so niedrig, dass die Chefin selbst nun vollkommen von Feng-Shui überzeugt war.

Stress kann auch erzeugt werden, wenn es keine Rückzugsmöglichkeiten innerhalb der Firma gibt, wenn man noch nicht einmal in der Mittagspause ungestört sein kann. Sorgen Sie für Rückzugsareale, Räume, in denen man seinen Mittagsschlaf abhalten kann oder wo man spazieren geht. So werden alle Freude an ihrer Arbeit haben und weniger Stresssymptome entwickeln.

Der Anblick von Fenstern eines gegenüberliegenden Gebäudes kann ebenfalls Stress erzeugen. In diesem Fall sollten Sie zwischen sich und dem Ausblick Pflanzen oder Reklameaufsteller haben, Fensterbilder, Kristalle oder Lampen, um den Anblick zu verbessern und eine entstresste Situation zu schaffen.

Stress entsteht auch dort, wo Sie gegen eine nackte Wand schauen. Ist dies im Inneren, so können Sie ein schönes, farbenfrohes Bild der Weite aufhängen oder einen Spiegel an der Wand anbringen. Sollten Sie diesen Anblick durch Ihr Fenster »genießen«, so empfehlen sich blühende Pflanzen, Kristalle und gegebenenfalls durchscheinende Rollos. Dabei eignen sich insbesondere Bambusmotive, die Wachstum und Gedeihen verheißen.

Stress kann auch verursacht werden von Häuserkanten, auf die Sie von Ihrem Arbeitsplatz aus schauen. Sie wirken »schneidend« wie Messer und erzeugen nachweislich und messbar Stressgefühle! Sie können runde Kugeln, glänzende Objekte oder einen schweren Kunstgegenstand verwenden, um gegen die angreifende Kante zu arbeiten. Am besten ist es natürlich, wenn Sie sich direkt aus dem Einflussbereich

entfernen. Denken wir nur an die Bank of China in Hongkong. Sie ist ein sehr spitzkantiges Gebäude, das wie mit Ellenbogen gegen die in der Umgebung befindlichen Gebäude arbeitet. Man hängt in Hongkong konvexe Spiegel ins Fenster und stellt Pflanzen auf, um die Attacke der Kanten nicht täglich vor Augen zu haben. Dies tun auch clevere Geschäftsleute, die diese Maßnahmen rein zur Prophylaxe ergreifen, um keine geschäftlichen Rückschläge zu erleiden.

Stress ist vielfältig und kann auch von Bildern ausgehen, die sich in Ihrem Rücken oder Ihnen gegenüber befinden. Prüfen Sie, ob das Bild lebensbejahend ist, Sie aufbaut, unterstützt, Ihnen Mut macht und Zuversicht gibt. Wenn nicht, dann tauschen Sie es durch entsprechende Bilder aus.

Stress kann auch von anderen im Raum befindlichen Computern erzeugt werden, die mit ihrer Rückseite gegen Sie gewendet sind. Überprüfen Sie, ob Sie diese Monitore nicht anders drehen können, um die Situation zu verändern.

Auch die Yuccapalmen mit ihren spitzen und harten Blättern können Stress erzeugen, ebenso wie Kakteen, wenn sie sich in Ihrer

unmittelbaren Nähe befinden. Ersetzen Sie diese durch Pflanzen mit runden Blättern oder durch Blühendes.

Stress lässt sich auch vermeiden, indem Sie schauen, was sich genau hinter Ihrem Rücken befindet. Vielleicht sind es Regale, die mit Ihren Brettern in Ihren Rücken schneiden. Vielleicht sind es auch nur Figuren, die mit Pfeil und Bogen auf Sie zielen, oder es ist der strenge Blick aus einem Bild – geradewegs in Ihren Nacken.

Wer am Ende eines Ganges sitzen muss, hat nicht das ideale Büro. Lässt sich dies dennoch nicht vermeiden, so empfehle ich Ihnen, im Versatz einmal rechts und einmal links Spiegel oder Bilder im Flur aufzuhängen, die das Chi langsamer fließen lassen. Sie selbst sollten dann so sitzen, dass Sie die Tür über einen Spiegel oder in direkter Linie sehen können.

Sie sehen, die Möglichkeiten, Stress zu erzeugen, sind groß und vielfältig. Deshalb gilt es in erster Linie, diesen zu minimieren und möglichst viele Ursachen des Stresses im Bereich des Interieurs zu eliminieren.

Vitalisieren Sie Ihre Qi-Kräfte

- Trinken Sie jeden Tag kohlensäurearmes Wasser.
- Gehen Sie täglich 30 Minuten an der frischen Luft spazieren, joggen oder mit Ihrem Hund raus.
- Lassen Sie den Alkohol weg.
- Vergessen Sie Zucker!
- Vermeiden Sie es, unter Balken zu sitzen, die Druck erzeugen.
- Fasten Sie einen Tag in der Woche.
- Trinken Sie Kräutertee statt Kaffee.
- Benutzen Sie nur noch Stein- und Meersalz statt des chemischen Salzes!
- Kaufen Sie so oft wie möglich Bio-Produkte.
- Werfen Sie die Yuccapalmen aus Ihrem Umfeld, denn sie bewirken Stress.
- Lachen Sie!
- Pflegen Sie Ihren Freundeskreis.

- Zwei Stunden, bevor Sie ins Bett gehen, sollten Sie weder essen noch sich mit Nachrichten belasten.
- Essen Sie Obst und Gemüse!
- Tun Sie jeden Tag eine gute Tat!
- Loben Sie andere!
- Schlafen Sie ausreichend!
- Setzen Sie sich immer mit dem Rücken zu einer Wand.
- Blicken Sie in eine Ihrer aufbauenden Richtungen, gemäß Ihrer Ming-Kwa-Zahl.
- Gehen Sie regelmäßig zu Vorsorgeuntersuchungen.
- Tun Sie jeden Tag etwas für sich, was speziell Ihnen selbst guttut.
- Bringen Sie Pflanzen mit großen, runden Blättern in Ihr Umfeld.
- Leeren Sie die vollen Papierkörbe und befreien Sie sich von Altlasten!
- Ein gutes Feng-Shui zu haben, bedeutet auch, dass Klarheit, Frische und Sauberkeit herrschen. Vertrocknete Pflanzen haben eine morbide Energie!

Schuhe

Kaufen Sie sich Schuhe, die bequem sind und die Ihnen passen. Wenn Sie Ihre Fußzehen einengen, dann bekommen Sie vielleicht noch einen Hallux valgus, einen Schiefstand des Großzehs. Das sieht nicht nur unschön aus, das schmerzt! Schließlich ist damit nicht zu spaßen, denn wenn die Zehen krumm sind, dann steht auch das Iliosacrale, das Kreuzbein-Darmbein-Gelenk, schief und damit auch die

Wirbelsäule. Nicht etwa nur die untere, sondern die ganze Wirbelsäule – bis hoch zum Hals! Das kann Kopfschmerzen geben und jede Menge anderer Probleme.

Deshalb gilt, sich immer Schuhwerk zu kaufen, worin die Zehen richtig schön Platz haben.

Kleidung und Farben

Die Kleidung kann ein Gute-Laune-Faktor sein oder auch nicht. Wer immer nur Schwarz bevorzugt, tut sich nichts Gutes. Wechseln Sie doch einmal die Farben.

Rote Kleidung ist ein Hingucker und gibt Feuer-Energie! Aber auch Orangetöne sind schon Stimmungsaufheller. Orange wirkt antidepressiv und gibt gute Laune für den Tag. Auch ein warmes Gelb kann helfen, ein sonniges Gemüt zu zaubern. Einfach mal eine gelbe Krawatte, liebe Herren, oder ein gelbes Tuch, liebe Damen, das hellt schon den Tag auf und bringt selbst an grauen, regnerischen Tagen eine Portion Energie mit sich! Oder versuchen Sie es einmal mit einem frischen Grün. Grün ist ein Wundermittel, wenn man den Frühling rufen und sich dieser Stimmung des Jahresbeginns wieder erinnern möchte. Grün ist die Farbe des Holzes, des Wachstums und Gedeihens. Also: Nur zu und mutig in die Farbkiste gegriffen! Weg von Grau und Schwarz und hin zu Farben, die helfen und gute Laune verbreiten. So helfen Sie sich nicht nur selbst, Sie tun auch etwas für andere. Denn auch hier gibt es einen Doppeleffekt: Ihr Gegenüber schaut ja auch auf die Farbe und profitiert dann für sich von ihrer Wirkung.

Lassen Sie sich eine Farb- und Stilberatung machen, am besten bei einer Meisterin ihres Faches, beispielsweise bei der ehemaligen Hürdenweltmeisterin Aisha Rokowsky.

Die neue Generation von Unternehmern

Nutzen nicht alle Erfolgreichen dieser Welt die Kraft des kosmischen Atems, die Lebensenergie, das Chi des Universums? Wenn ja, wie ist diese Kraft anzuzapfen? Woraus besteht sie? Chi ist eine universelle Energie, die in Indien unter den Begriffen Kundalini und Shakti (geistige Energie) bekannt ist. Feng-Shui selbst enthält zwei Arten von Chi: das *Feng* oder Tien-Chi, das als das Chi des Himmels oder »Gast-Chi« bezeichnet wird, andererseits *Shui, das* Ti-Chi, die Kraft der Erde, die in sogenannten Drachenadern (Bergen und Tälern) fließt. Das Chi fließt aber auch in den Lebensadern des Körpers auf sogenannten Energiebahnen, den Meridianen. Die Hindus nannten das Chi auch Prana und hatten dabei die Vorstellung von einer alles durchdringenden Kraft. Die Japaner kultivierten das Chi, auch Qi genannt, und nutzten die

Kraft für Kampfsportarten. Die Chinesen beobachteten ihrerseits, dass es sich sammelndes und zerstreuendes Chi gibt.

Das sammelnde Chi ist für alle Feng-Shui-Anwendungen von immenser Bedeutung. Alle Feng-Shui-Maßnahmen sind darauf ausgerichtet, Chi zu sammeln oder zu leiten bzw. ungünstige Chi-Formen, die Ihren Erfolg torpedieren könnten, abzuwehren.

Chi kann unterschiedliche Zustände annehmen und sich bipolar, in Yin- und Yang-Formen, äußern. Die Bewegung des Chis bildet zusammen mit den plus- und minuspoligen Kräften von Yin und Yang die fünf Elemente Feuer, Erde, Metall, Wasser und Holz. Durch den Wechsel der Jahreszeiten und den Sonnenlauf sind diese fünf Energieformen des Chis immer in Bewegung.

Unternehmer nutzen nur einen Bruchteil ihrer Potenziale und Ressourcen. Wenn sie offen sind für den Umgang mit Chi, ist es ein Leichtes, ihnen den Weg zu zeigen, was sie speziell tun können, damit die Geschäfte florieren. Oft muss nur eine Kleinigkeit verändert werden, aber diese Kleinigkeit hat Folgewirkungen, etwa auf die Kommunikation, auf die Produktivität und das interne Klima. Wir wissen, dass neun Zehntel unserer Wahrnehmung auf der unbewussten Schiene ablaufen. Logisch und rational betrachtet kann Ihr Arbeitsplatz gut sein. Aber wenn hinter Ihnen der offene Flur ist oder die Tür zum Lift und permanent Leute hinein- und hinauslaufen, dann werden Sie sich unterbewusst unwohl und gestresst fühlen. Folge: Sie können sich nicht gut konzentrieren, sind ständig abgelenkt, Ihre Leistungsfähigkeit nimmt ab. Vielleicht zieht es Sie immer wieder zur Kaffeemaschine, zum Kopierer oder anderswohin, weil Sie es nicht lange ertragen können, an Ihrem Schreibtisch zu sitzen. Durch die Veränderung Ihres Arbeitsplatzes kann das Problem gelöst werden.

Heute geht es um das Wohlfühlen am Arbeitsplatz, um Energien, die man behalten möchte und die unterstützend auf die Arbeitsleistung wirken. Feng-Shui bringt uns wieder ins Bewusstsein, dass es nicht nur eine linke, rationale, sondern auch eine rechte, emotionale Gehirnhälfte gibt. Es geht um die Balance beider Seiten, um die Ausgeglichenheit beider Pole. Es geht um das Anzapfen von Kräften und Potenzialen aus dem Qi-Bereich.

»Die Dinge sind dazu da,
dass man sie benutzt,
um das Leben zu gewinnen.«

Lü-shih Chùn Chìu

Die neue Generation, zu der Sie auch gehören, ist den Dingen zwischen Himmel und Erde gegenüber aufgeschlossen. Sie geben sich nicht einfach zufrieden mit dem, was alle anderen tun. Sie nutzen die Qi-Faktoren für Ihr Erfolgskonzept, weil Sie spüren, dass auch Ihre Mitbewerber neue Wege einschlagen.

Der Standort

Der Standort der Firma spielt eine Rolle, die Adresse, die angrenzenden Straßenverläufe, die umliegenden Gebäude und ihre Formen und Farben. Alles zusammen wird erfasst, und mit Hilfe von Feng-Shui werden Korrekturen eingefügt, um ein wohltuendes Resonanzfeld zum Gelingen Ihres Business zu schaffen. Dieses Resonanzfeld ist Schwingung, ja eine Art Vibration, die Menschen anzieht oder abstößt. So haben der Name eines Unternehmens, die Adresse und das Gebäude einen jeweils unterschiedlichen Schwingungsgradienten, da sie unterschiedlichen Teilchenabständen Folge leisten. Daraus lässt sich schlussfolgern, dass unterschiedliche Teilchenabstände unterschiedliche Auswirkungen haben können, sie können zu fester, flüssiger oder gasförmiger Materie führen. Selbst Gedanken und Worte, die Körperhaltung und Schreibweisen dürften Teilchen in Schwingung versetzen und somit eine Auswirkung haben. Logisch wäre dann, dass man sich in wohltuende Resonanzfelder einklinkt durch die Schaffung von geeigneten Formen, Farben, Materialien, Pflanzen und Wasser im Umfeld. Im Feng-Shui werden alle Kräfte eingesetzt und auf ein Ziel hin konzentriert. Ich vergleiche diesen Einsatz von Kräften gern mit dem Bild, auf einer Schaukel zu sitzen. Durch Bewegung und Einsatz schwingt man sich nach oben. Je gleichmäßiger alle Anstrengungen respektive Bewegungen in eine Richtung laufen, umso kraftvoller ist die Schaukelbewegung und umso höher kommt man hinauf.

Harmonie entsteht,
wenn alle Kräfte auf ein Ziel hin konzentriert werden
und in wohltuender Resonanz
zu allen Beteiligten
und ihrem Umfeld stehen.

Da alles in Resonanz miteinander steht, sind selbst Namen nicht Schall und Rauch und tragen zum Erfolg eines Unternehmens bei. In der Summe aller Bemühungen wird mit Feng-Shui Wachstum und Gedeihen erzeugt. Lassen Sie mich Ihnen dazu eine Geschichte erzählen. Ich kam gerade von der Messe in Frankfurt/Main, als vor mir ein Lastwagen hielt. Er war mausgrau, zeigte eine große Glasscheibe und trug die Aufschrift »Firma Glasbruch«. Was denken Sie? Hätten Sie in diese Firma Vertrauen? Ich musste jedenfalls lachen. Hätten mich die Firmeninhaber nach einem Namen für ihr Unternehmen gefragt, dann hätte ich ihnen eher den Namen *»Glasklar«* gegeben, um Assoziationen wie »alles klar, alles im Griff« zu erzeugen, und mit diesem Namen einen Slogan aufgebaut.

Nutzen Sie die Essenzen aus dem Bereich Feng-Shui. Machen Sie es sich leichter, nutzen Sie die Energien und damit den Qi-Faktor!

»Eine tausend Meilen weite Reise
beginnt mit einem Schritt.«

Laotse

Ihre Geschäftsadresse

Suchen Sie sich im Vorfeld bereits einen Standort aus, der Ihrem Business entspricht. Büros, die keinen Kundenverkehr haben, müssen nicht zwangsläufig in der vordersten Front einer Straße liegen. Wenn Sie aber ein Büro, eine Praxis, Kanzlei oder einen Laden führen, wo Sie auf Kunden angewiesen sind, gelten folgende Regeln:

Wählen Sie eine Adresse, die gut klingt. Es ist schwer, ein florierendes Unternehmen in einer Friedhofstraße mit der Hausnummer 4 aufbauen zu wollen, es sei denn, man ist Friedhofsgärtner oder Steinmetz. Prüfen Sie den Klang des Namens, und erforschen Sie auch dessen Bedeutung. Gute Adressen sind unter anderem zu finden in den Fünf Höfen, der Theresienwiese oder am Königsplatz in München, am Neuen Wall, im Chilehaus oder im Fleethof in Hamburg, in der Skyper Villa oder im Messeturm Frankfurt. Hier seinen Firmensitz zu haben, ist eine gute Voraussetzung für Wachstum. Gleiches gilt für ein Unternehmen am Brandenburger Tor, dem Potsdamer Platz oder am Kurfürstendamm.

Wenn es anfangs noch nicht möglich sein sollte, eine gute Adresse zu ergattern, so hätten Sie auch die Möglichkeit, sich die Räume mit einem anderen Unternehmen zu teilen. Prüfen Sie auch diese Idee!

Die Bedeutung der Hausnummern

Da Zahlen sich auch in einer Resonanz befinden mit Ihnen, sollten Sie wissen, dass die Zahl 8 die beste Zahl für Ihre Geschäfte ist. Es gibt einen erfolgreichen Bauunternehmer in Wiesbaden, der diesem Prinzip folgt. Er sitzt nicht nur in der Hausnummer 8, er hat auch seine Konto-, Telefon- und Autonummern dem Prinzip angepasst. Selbst beim Kauf von Grundstücken und Häusern folgt er dem Prinzip, nichts mit der weniger glücklichen Zahl 4 zu erwerben. Die 4 ist als die Zahl des Todes und der harten Arbeit von ihrer Schwingung her verpönt.

Die Zahlenbedeutungen sind nicht nur gültig als Hausnummern, sondern werden auch bei den Telefonnummern, Kontonummern und Autonummern berücksichtigt![1]

Bevor Sie sich für einen Standort entscheiden

Das Gebäude Ihrer Wahl sollte auf einem rechteckigen Grundstück sehen. Sollte das nicht der Fall sein, verbessern Sie die Form Ihres Firmengeländes, indem Sie zum Beispiel an den Ecken, wo die Form nicht vollständig ist, Licht integrieren und Wege so anlegen, dass sie die verschiedenen Grundstückszipfel miteinander verbinden.

Nachfolgend möchte ich Ihnen einige Ideen für die Grundstücksformen mit auf den Weg geben, damit Sie für sich entscheiden können,

1) Buchtipp: Olivia Moogk, »Geheimsymbolik des Feng-Shui«, Silberschnur 1999

was für ein Grundstück Sie in Zukunft wählen wollen, und damit Sie besser einschätzen können, worauf Sie derzeit gegründet haben. Sehen Sie selbst, was die unterschiedlichen Grundstücksformen bedeuten.

Das quadratische und rechteckige Grundstück

Das quadratische und rechteckige Grundstück gehört dem Element Erde an und steht für Stabilität und Dauer.

Das dreieckige Grundstück

Das dreieckige Grundstück ist nach asiatischer Auffassung sehr ungünstig und wird als das mit einem Fluch behaftete Grundstück angesehen. Es stellt in seiner Form das Feuerelement dar. Gleichen Sie es am besten aus, indem Sie durch Hecken, Mauern, Terrassenflächen und Beleuchtung ein Viereck auf dem Grundstück bilden.

Ich habe es in meiner langjährigen Praxis erlebt, dass es in Gebäuden, die auf dreieckigen Grundstücken standen, häufiger geschäftsinterne Streitigkeiten oder Mobbing gab.

Das lange und schmale Grundstück

Das lange und schmale Grundstück bringt auch eine Reihe von Problemen mit sich. Es gehört zum Element Holz. Wird dieses

Grundstück durch Parzellierung in einzelne Rechtecke aufgeteilt, dann ist die Energieform wieder ausgewogen. Legen Sie auch gewundene Wege an, um einen guten Chi-Fluss zu Ihrem Gebäude zu gewährleisten. Ist das Grundstück so schmal, dass es lediglich über einen Innenhof verfügt, dann können Sie in der Mitte des Hofes ein Labyrinth mit der Öffnung zu Ihrem Gebäude legen lassen. Sie werden feststellen, dass der Anblick auf beide Gehirnhälften angenehm stimulierend und ausgleichend zugleich wirkt und dass Sie gestärkt an Ihre Arbeit gehen können.

Die L-förmigen Grundstücke

L- förmige Grundstücke sind ungünstig, da sie ein Rechteck darstellen, dem Ecken fehlen. Man bringt sie mit dem fehlenden Einfluss des Geschäftsinhabers in Verbindung, mit frühem Tod und mangelndem Erfolg. Wenn aber eine Ecke in einer unglücklichen Richtung liegt, so ist ihre Wirkung weniger bedeutsam. In Richtung der fehlenden Ecke setzen Sie am besten eine Laterne, einen Fahnenmast oder eine Gruppe davon und lenken so die Aufmerksamkeit verstärkt in einen Bereich, der vorher quasi nicht wahrgenommen wurde.

Das kreisförmige Grundstück

Das kreisförmige Grundstück versinnbildlicht das Element Metall sowie den Himmel, so dass es sich am besten für Banken, religiöse Gebäude oder Kindereinrichtungen eignet. Licht auf fehlenden Eckpunkten ist ein gutes Korrektiv.

Die Geldbörsenform

Das Grundstück darf von der Straße aus gesehen schmal beginnen und nach hinten weiter werden, dies bedeutet zukünftiges Glück bei anfänglichen Schwierigkeiten.

Die umgedrehte Form ist sehr von Nachteil, da sich anfänglich gut entwickelnde Geschäfte später eine ungünstige Prognose haben.

Achten Sie auf die Form des Gebäudes

Wer ein Gebäude neu konzipieren oder auch das bestehende nach Feng-Shui-Kriterien überprüfen möchte, sollte in jedem Fall die Augen offen halten und Fehlbereiche vermeiden. Benutzen Sie zur Feststellung der Himmelsrichtung einen Kompass oder lassen Sie sich den Lageplan zeigen. Dort ist der Nordpfeil eingezeichnet und Sie werden so korrekt die Himmelsrichtungen finden. Am besten zeichnen Sie acht Himmelsrichtungen, ausgehend vom Zentrum des Gebäudes, auf dem Plan ein. Messen Sie dann jede Seitenlänge des Gebäudes und teilen Sie die Maßeinheit durch drei. So erhalten Sie neun Felder. Ist ein Feld größer als ein Drittel der Gesamtlänge einer Wand, dann entsteht ein Fehlbereich. Sie können nun ermitteln, in welcher Himmelsrichtung ein Fehlbereich entsteht.

Der finanzielle Erfolg einer Firma, ihre Produktivität, die Gesundheitsrate der Mitarbeiter und das innerbetriebliche Klima sind in Gebäuden mit Fehlbereichen jeweils ungünstig in der Prognose. Ist ein Gebäudekörper aber intakt, dann unterstützt dieser den beruflichen Werdegang des Einzelnen genauso wie den der Firma. Ist auch die

Form der einzelnen Büros rechteckig oder quadratisch, dann ist das Glück auf Ihrer Seite.

Fehlbereiche innerhalb des Gebäudes oder eines einzelnen Raumes haben grundsätzlich Auswirkungen auf das Gefühl im Raum und auf die Arbeitsleistung. Ich möchte Ihnen diese Feststellung meinerseits nicht etwa als feststehende Tatsache präsentieren. Vielmehr möchte ich Sie bitten, dass Sie ebenso wie ich Ihre Beobachtungen machen und sie verifizieren. Meine Lehrmeister und ich haben die Beobachtung gemacht, dass nicht nur fehlende Grundstücksecken, sondern auch fehlende Hausecken oder Fehlbereiche von Räumen Auswirkungen auf die Leistungsfähigkeit von Menschen haben. Gesamtheitlich gesehen ist der Gebäudekörper ein Organismus. Fehlt ihm etwas, dann kann der »Organismus« nicht funktionieren.

Fehlbereiche

Fehlbereiche bedeuten: fehlendes Glück.

Schauen Sie selbst, in welchen Himmelrichtungen welche Auswirkungen zu befürchten sind.

Dritteln Sie den Grundriss, um festzustellen, ob der Grundriss Fehlbereiche aufweist.

Fehlbereich im Norden

Sollte der Norden im Gebäude oder Raum fehlen, das heißt, eine Ecke des Raumes ist nicht vollständig, dann kann es durchaus sein, dass die Mitarbeiter mit der Erfüllung ihrer alltäglichen Aufgaben und mit den Routinearbeiten nicht vorankommen.

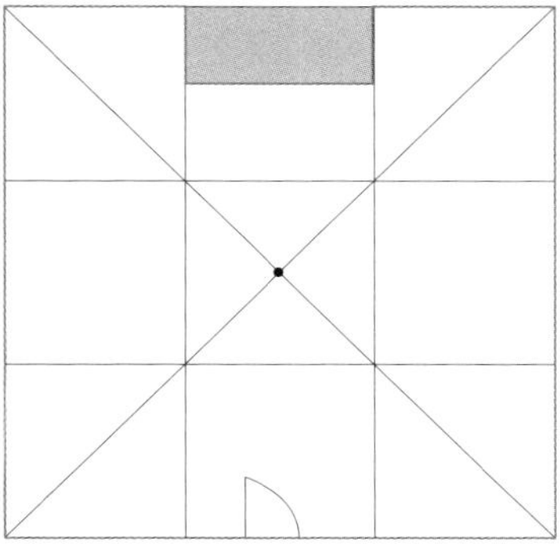
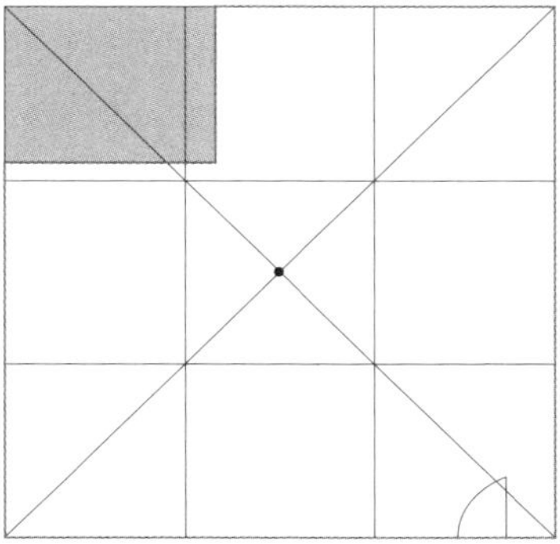

Fehlbereich im Nordosten

Der Nordosten hat eine sehr ruhende Energie. Hier kann man in Ruhe nachdenken, Erkenntnisse schöpfen und auf die innere Stimme hören. Wissen und Weisheit sind der Himmelsrichtung Nordosten zugeschrieben. Hier wäre eine Bibliothek oder ein Rückzugsraum für die Mitarbeiter günstig. Wissen sammeln und sich danach auszurichten, das ist die Energie der Richtung. Fehlt dieser Bereich, so kann es Spannungen geben zwischen den Kollegen und es kann an Ruhe und Frieden im Mitarbeiterkreis mangeln. Die Mitarbeiter könnten es schwer haben, ihre Leistung weiter zu verbessern.

Fehlbereich im Osten

Fehlt der Bereich des Ostens, so könnte der Krankenstand der Mitarbeiter hoch sein.

Fehlbereich im Südosten

Fehlt der Südosten, so könnte dies Probleme finanzieller Art geben. Das betrifft die Mitarbeiter mitunter genauso wie die Firma.

Fehlbereich im Süden

Der Südbereich steht mit Wärme, Ausstrahlung, Freude und Selbstbewusstsein in Verbindung. So wie die Sonne am Mittag ihren höchsten Stand erreicht hat, so sind Ruhm und Anerkennung die Energie des Südens.

Fehlt der Süden, so könnte Mobbing ein betriebliches Thema sein. Auch mangelnde Begeisterungsfähigkeit und das Gefühl, dass Leistungen nicht anerkannt und die Mitarbeiter nicht genügend gewürdigt werden, könnten die Folge sein. Imageprobleme, Klatsch und Tratsch halten Einzug im Büro.

Fehlbereich im Südwesten

Fehlt der Südwesten, so lassen häufig die Zusammenarbeit und der Umgangston untereinander zu wünschen übrig.

Fehlbereich im Westen

Ein Fehlbereich im Westen bringt oft Probleme mit dem Nachwuchs. Wenn beispielsweise die Kinder den elterlichen Betrieb übernehmen sollen, so ist ihre Bereitschaft dazu häufig sehr gering.

Fehlbereich im Nordwesten

Wenn der Nordwesten fehlt, dann mangelt es häufig an Unterstützung seitens des Firmeninhabers oder der Firma.

Gebäude, die eine unregelmäßige Form aufweisen, haben gewissermaßen »Fehlbereiche«. Diese Fehlbereiche erzeugen Probleme. Diese können auftreten im Bereich »Karriere«, »Kontakte«, »Unternehmensführung«, »Prestige«, »Finanzen«, »Zusammenarbeit« oder »Wissensvorsprung«.

Alle Bereiche stehen mit den Energien der Himmelsrichtungen in Verbindung. Fehlt beispielsweise die Ecke im Nordwesten, so wird es einen Mangel an guten Geschäftsbeziehungen geben, Freunde werden Sie verlassen und Ihre Mentoren werden ausbleiben.

Sehen Sie auf einen Blick den Zusammenhang zwischen den Bereichen des Gebäudes, die »fehlen«, und den Auswirkungen, die dadurch entstehen können.

Im Südwesten – Probleme im Bereich Zusammenarbeit

Im Westen – fehlende gute Zukunftsperspektiven

Im Nordwesten – mangelnde Geschäftskontakte

Im Norden – fehlende Karriereaussichten

Im Nordosten – Mangel an Wissensvorsprung gegenüber den Mitbewerbern

Im Osten – fehlende Geschäftsführerqualitäten

Im Südosten – Mangel an finanziellem Erfolg

Im Süden – fehlende Anerkennung der Leistungen

Deshalb gilt: Forschen Sie zunächst nach, ob das Gebäude eine regelmäßige, rechteckige oder quadratische Grundform hat. Formen sind Schwingungen, Energien, die sich sogar in Zahlen ausdrücken lassen. Und jede Zahl wiederum ist wandelbar in einen Ton, so dass ein Baukörper harmonisch oder dissonant klingt. Da Ihr eigener Körper ebenfalls in einer Schwingung ist, die im Idealfall ausgeglichen ist, sollte auch das Gebäude mit Ihnen auf einer Wellenlänge schwingen.

Der Eingang

Zu einem Gebäude bergauf zu gehen, ist besonders positiv, weil es suggeriert, dass es immer bergauf geht! Natürlich sollte dieser Anstieg zu Ihrem Business passen und dementsprechend als besonders günstig und nicht als hinderlich eingestuft werden. Wenn Sie Rollstuhlfahrer zu sich einladen möchten, dann sind steile Anstiege und Treppen hinderlich!

Nachdem Sie Ihr Grundstück betrachtet und eingeschätzt haben, sollten Sie Ihre Aufmerksamkeit dem Eingang widmen. Der Eingang ist das A und O jeder Firma. Über ihn werden die Wertigkeit der Firma und ihre Konkurrenzfähigkeit beurteilt. Deshalb ist das erste Erscheinungsbild von großer Bedeutung. Lassen Sie mich Ihnen nachfolgend einige Möglichkeiten für die Eingangssituation zeigen.

Die Eingangstür ist der energetische Schlüssel zum Gebäude. Hier trennt sich die Innen- von der Außenwelt. Die erste Frage, die Sie sich stellen sollten: Findet man den Eingang des Gebäudes? Ist die Firma oder das Geschäft von der Straße her gut zu erkennen? Oder verlaufen sich Ihre Besucher regelmäßig?

Wenn der Weg zu Ihrer Firma und Ihre Firma selbst nicht eindeutig zu erkennen sind, dann hat die Firma nicht genügend Energie, denn, wie Sie bereits wissen, folgt die Energie der Aufmerksamkeit!

Fragen Sie sich, ob der Eingang gut beleuchtet ist.

Licht ist Energie und lenkt die Aufmerksamkeit! Jedoch ist hier nicht blendendes Licht gemeint. Ist der Zuweg mit Bewegungsmeldern ausgestattet?

Chi muss die Möglichkeit erhalten, sich sammeln zu können. Das kann an einem Springbrunnen, einer Parkanlage, einem Teich und auch dort sein, wo begrünte Plätze mit der Möglichkeit zum Verweilen einladen. Sie sollten windgeschützt sein, um die warmen Sonnenstrahlen einzufangen, aber auch schattig genug, um in der Sommerhitze Schutz zu bieten. Wo sich Chi sammelt, sind Wohnungen teuer und Geschäfte gedeihen.

Sie, einen Menschen der nach vorn strebt, Sie, eine Geschäftsfrau oder ein Geschäftsmann, die oder der voll im Leben steht, lade ich ein, Chi mit dem Aufmerksamkeitsgrad eines Menschen zu vergleichen und aus dieser Perspektive Betrachtungen anzustellen. Wohin Ihre Aufmerksamkeit fließt, dorthin folgt Ihr auch das Chi.

Genau hier, an der Schwelle, nehmen Sie in Sekundenbruchteilen eine Flut an (überwiegend unbewussten) Gefühlen und Eindrücken auf. Diese Empfindungen werden tagtäglich mit in die Firma genommen. Auch Kunden, die Ihre Firma zum ersten Mal betreten, bekommen einen Eindruck von der Firma und dem, was sie hier erwartet.

Ein Feng-Shui-Meister schaut sich den Eingang bezüglich der Energiequalität an. Er stellt Berechnungen an und wertet sie aus. In einem Fall wurde durch die Änderung der Eingangstür so viel positive Energie in das Gebäude getragen, dass sich kurz darauf ein großer Auftrag einstellte – und seitdem entwickelt sich, scheinbar wie von Zauberhand, die Firma weiter positiv.

Die Auswirkung der Lage des Eingangs

Besonders förderlich ist es, wenn man Wasser vor dem Eingang hat. Förderlich ist es auch, die Eingangstür an einer Fußgängerzone, einem Park gegenüber, an einer s-förmigen oder seitlich einer hufeisenförmigen Straße zu haben. Aber auch an einem Verkehrskreisel zu liegen, zieht Glück, Geld und Ansehen an.

Der Eingang in Position zur Straße

Sollte eine Straße in direkter Linie auf die Eingangstür zuführen, so könnte die Gesundheit der Belegschaft darunter leiden. Entweder

Sie legen den Eingang auf die Seite des Gebäudes oder Sie schützen den Eingang durch Pflanzungen und verlegen den Weg entsprechend.

Sollten Sie eine Mauer zur Straße hin planen, dann gilt, dass sie möglichst begrünt werden und hier und da einen Durchblick in die Ferne gewähren sollte.

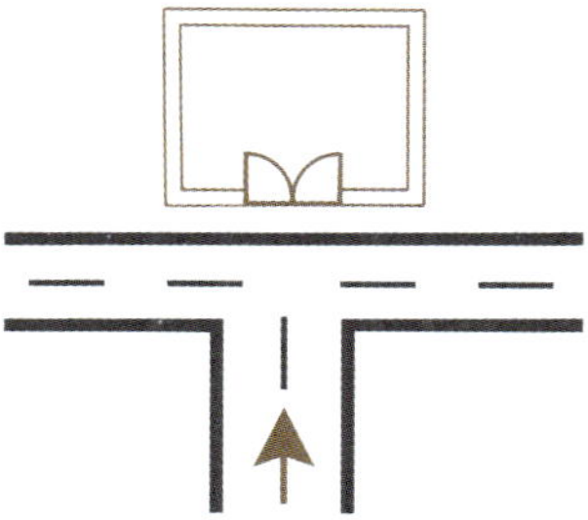

Der Eingang in Bezug zur v-förmigen Straße

Laufen zwei Straßen v-förmig auf die Eingangstür zu, so könnte die Krankheitsrate im Unternehmen außergewöhnlich hoch sein und finanzielle Schwierigkeiten könnten entstehen. Am besten verlegt man den Eingang.

Der Eingang in Bezug auf sich scherende Straßen

Liegt der Eingang zwei sich scherenden Straßen gegenüber, so sagen die Asiaten, dass es hier vermehrt zu Unfällen kommen könnte. Ein Transportunternehmen wäre davon besonders betroffen. Auch in diesem Fall sind die oben erwähnten Maßnahmen segensreich.

Der Eingang in Bezug auf Hochstraßen

Schaut der Eingang auf den Scheitelpunkt einer Straßenkurve oder gar auf den Scheitelpunkt einer Hochstraße, dann könnten starke finanzielle Einbußen dem Unternehmen Schaden zufügen. Die beste Möglichkeit ist, die Außenwand begrünen zu lassen, Reklameschilder an ihr anzubringen und die Fenster mit innenliegenden Jalousetten auszustatten, mit Kristallen und Pflanzen.

Der Eingang in Bezug auf Schnellstraßen

Liegt der Eingang an einer Schnellstraße, so kommt die Firma oft nicht »auf einen grünen Zweig«. Das Geld fließt genauso schnell wieder weg, wie man es erhalten hat.

Das Gebäude wird umringt von Straßen

Ein Gebäude, das keinen Ruhepol hat, weil Straßen das Gebäude umringen, bringt wenig Glück. Glück und Geldmittel rinnen Ihnen durch die Finger. Am besten legen Sie Wasser in Form von kleinen Springbrunnen um das Gebäude herum an und sorgen für Bäume auf der Rückseite.

Springbrunnen und Pflanzen am Eingang sorgen dafür, dass das Gebäude mit Wachstumsfaktoren der Umgebung »gefüttert« und unterstützt wird.

Ist genügend Platz da, dann kann auch ein Zaun oder eine Mauer hinter und seitlich des Gebäudes einen Chi-Sammelplatz, ein Xue, schaffen. Vor einem Eiscafé könnte dieser ein umzäunter Sitzplatz sein oder vor dem Bankgebäude wäre dies möglicherweise ein Platz mit Springbrunnen, Bänken und Begrünung.

Sollten Sie ein weiteres Feng-Shui-Mittel benutzen, nämlich das Setzen einer Mauer, so wäre dies insbesondere dann anzuraten, wenn es sich um ein Verwaltungsgebäude handelt. Übrigens werden Mauern begrünt und hin und wieder mit Durchblicken versehen, damit sie lebendig wirken und nicht wie Gefängnismauern.

Der Eingang gegenüber einem Friedhof

Nicht jeder Friedhof ist gleich! Es gibt welche, die so mit Weißdornhecken umgeben sind, dass man die Gräber nicht mehr sieht. Es gibt andere, die keinen Sichtschutz haben. Jetzt werden Sie sagen, was habe ich damit zu tun? Die Asiaten machen darauf aufmerksam, dass die Trauergemeinde und die anfahrenden Leichenwagen das Hauptproblem darstellen. Wer sich täglich mit dem Tod auseinandersetzen muss, dem Yin der Umgebung, hat seine Aufmerksamkeit nicht genügend im Leben.

Der Friedhof ist von der Qualität her Yin, und das Gebäude, in dem man lebt und arbeitet, ist Yang. Beide Energien kollidieren miteinander, wie Feuer und Wasser. Yin ist die Ruhe selbst und Yang ist das Leben, die Aktivität. Die beste Möglichkeit, in dieser Situation aus der Not eine Tugend zu machen, ist die, dass Sie den Eingang verlegen, so dass er nicht mehr dem Friedhof gegenüberliegt. Asiaten hängen einen kleinen, konvexen, mit acht Trigrammen versehenen Spiegel über die Eingangstür, um diese auf der nichtsichtbaren Ebene zu schützen.

Der Eingang gegenüber von Hauskanten

Wer von seinem Arbeitsplatz aus auf die Kanten der gegenüberliegenden Häuser schaut, kann durch die Aggression dieser streitgeladen erscheinen, zur spitzen Zunge neigen und öfter kränkeln.

Falls Sie diesen Einfluss auch gegenüber dem Haupteingang haben sollten, so eignet sich eine runde, metallisch glänzende Kugel, die zwischen Kante und Eingang aufgestellt wird, beispielsweise eine Weltkugel, um den Einfluss abzufedern. Eine Weltkugel hat zudem noch die Wirkung, dass Sie Geschäftserfolge weltweit anziehen werden.

Der Eingang gegenüber einem hohen Gebäude

Liegt der Eingang einem hohen Gebäude gegenüber, kann dies das Vorwärtskommen der Firma erschweren. Verlegen Sie den Eingang möglichst auf eine andere Seite. Solange Sie dies nicht sofort tun können, hängen Sie am besten einen konvexen Spiegel über den Eingang.

Der Eingang im Verhältnis zum Gebäude

Auch die Breite der Eingangstür spielt eine Rolle. Ist sie zu breit im Verhältnis zum Haus, so kann man sie mit Pflanzen einengen. Ist sie zu eng, so müssen alle hemmenden Gegenstände aus dem Türbereich eliminiert werden.

Manche Türen sind zu hoch, was einen Kathedralcharakter bewirkt und den Eintretenden sich ganz klein fühlen lässt. Vielleicht kennen Sie den Bahnhof in Mailand. Ganz bewusst wurden die Türen so hoch gewählt, damit sich der Mensch ganz klein und unwichtig vorkommt.

Was möchte Ihre Firma bezwecken? Da die Tür Yang-Energie bedeutet und als männlich gilt, würde eine übermäßig große Tür die männlichen Mitarbeiter nicht nur fördern, sondern im Verhältnis zu den weiblichen Firmenmitgliedern ein Ungleichgewicht hervorrufen. Sollten Sie spüren, dass die Frauen der Firma sich wenig motiviert fühlen und darüber hinaus das Gefühl der Unterdrückung durch ihre männlichen Mitarbeiter haben, dann sollten Sie die Größe der Tür korrigieren.

Manche Türen sind zu niedrig, und größere Personen müssen sich bücken, um durch sie hindurchzukommen. Das Gefühl, sich beugen und erniedrigen zu müssen, entsteht beim Eintretenden.

Achten Sie darauf, dass gegenüber der Eingangstür keine Hintertür, ein großer Spiegel oder die Tür zu Toiletten und Abstellräumen zu sehen ist. Alle diese Eingangssituationen verheißen wenig Glück, und Sie sollten Sie unbedingt ausgleichen. An die Toiletten- und Abstelltüren könnten Sie jeweils einen etwa fünfzehn Zentimeter großen Achteckspiegel mittig anbringen. Einen großen Spiegel gegenüber der Eingangstür könnten Sie schlicht umhängen, damit der Eintretende am Eingang nicht sich selbst gegenübersteht.

Kennen Sie das unangenehme Gefühl, wenn beim Bäcker oder Metzger die Tür zu den Nebenräumen offen steht? Ihre gesamte Aufmerksamkeit geht dorthin. Wie ist Ihr Gefühl? Als ich letztens in ein neues Reisebüro ging, wurde ich optisch von der Eingangstür direkt zur Hintertür gelenkt, die zum Parkplatz führte. Komisch, was wollte ich nur hier?

Alle ungünstigen Eingangspositionen auf einen Blick:

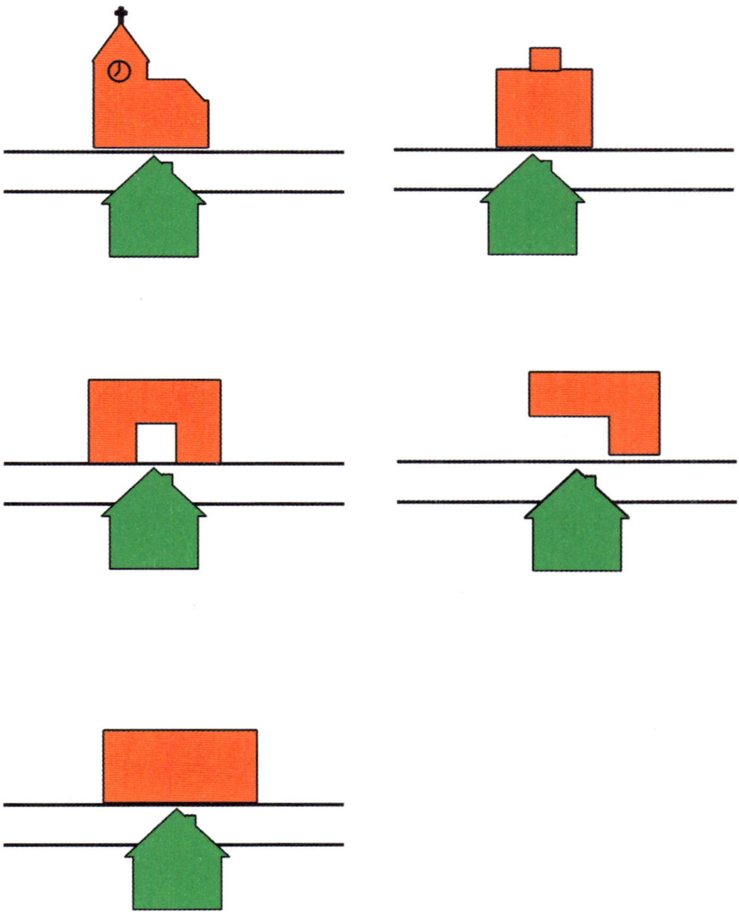

Die Richtung der Eingangstür

Die Eingangstür sollte sich nach innen öffnen, um das wohltätige Chi in das Gebäude einströmen zu lassen. In der Regel gehen die Türen hierzulande aufgrund der Feuerschutzmaßnahmen nach außen auf. Man läuft quasi erst einmal gegen einen Widerstand ins Innere!

Sollte sich die Tür zu einer Wand hin öffnen, so wird der Eintretende jedes Mal wie vor den Kopf gestoßen und könnte sich sehr unbehaglich fühlen. Der eintretende Chi-Strom würde gleichermaßen behindert. Es könnte das Gefühl entstehen, buchstäblich jedes Mal gegen Wände zu rennen, und die Chancen im Leben, um vorwärtszukommen, könnten geschmälert werden.

Gehen Türen gegeneinander auf, also die eine nach innen und die nächste Tür nach außen, so ist dies ein typisches Indiz für Streit im Unternehmen. Wenn Sie dies nicht sofort nachvollziehen können, so möchte ich Sie bitten, dies einfach zu beobachten. Wie fühlen Sie sich selbst in diesen Situationen, und wie geht es Unternehmen, die diese Eingangssituation haben?

Allgemeine Ansichten über Türen

Wie muss eine Tür gestaltet sein, damit sie in dieser schnelllebigen Welt leicht erkennbar ist? Wie nimmt man Notiz von ihr? Feng-Shui macht darauf aufmerksam, was man über Türen wissen sollte, um gut gehende Geschäfte zu haben:

- Am besten liegt die Eingangstür auf der rechten Seite oder in der Mitte der Gebäudefront (von außen betrachtet) oder in der Mitte der Eingangsfront.
- Das Geschäft sollte sich möglichst auf eine Eingangstür beschränken. So ist der Kunde nicht verwirrt und geht zielgerichtet zur richtigen Tür.
- Die Tür sollte nicht auf einen Lift, eine Treppe, eine Ecke, eine nach unten gehende Treppe, einen Spiegel, eine zweite Tür oder Toilette zugehen. Im Restaurant darf sie niemals auf die Küchentür weisen.
- Sie sollte mindestens genauso groß sein wie eine der ihr gegenüberliegenden Türen, auch wenn sich diese auf der gegenüberliegenden Straßenseite befindet. Ist das nicht der Fall, dann sollte man sie optisch durch Pflanzen neben der Tür, Farbe, Licht oder Reklameschilder vergrößern.
- Um dem Eingangsbereich Chi und damit auch angenehme Aufmerksamkeitsfaktoren zukommen zu lassen, ist Wasser unerlässlich.

- Verstellen Sie nie eine Tür! Verstellte Türen bedeuten verstellte Wege im Leben!
- Sorgen Sie dafür, dass die direkte Linie zur Tür nicht durch einen Baum, Pfahl oder eine Laterne behindert wird.
- Achten Sie darauf, dass die Treppe nicht in gerader Linie zur Tür weist. Die Asiaten sehen diese Situation als Hinweis drauf, dass das Unternehmen Gewinne nicht halten kann.
- Alle Spitzen und Kanten, die sogenannte geheime Pfeile aussenden, sollten Sie am Eingang schnellstens eliminieren. Das könnten die Kanten von Stützpfeilern sein oder die von Künstlerwerken, Statuen oder Pflanzen mit spitzen Blättern. Manchmal sind dies auch moderne dreieckige Garderobenständer oder ungünstige Aufsteller im Inneren, die auf die Tür schneidend zuweisen. Schauen Sie sich einmal in aller Ruhe die einzelnen Gegenstände an. Entfernen Sie lieber mehr als weniger.
- Fußabtretermatten sollten Sie grundsätzlich nicht mit Ihrem Logo oder Namen versehen. Im übertragenen Sinne würden die Eintretenden den Namen mit Füßen treten.
- Wenn die Türen quietschen sollten, so ölen Sie diese. Quietschende Türen können zu Zwistigkeiten innerhalb des Unternehmens führen.
- Gehen die Türen zu schwer auf, wie es beispielsweise in einigen Hotels der Fall ist, dann kommt der Kunde oder der zukünftige Hotelgast auch im übertragenen Sinne schwer in das Gebäude hinein. Feng-Shui sieht das so: Der Mensch geht am liebsten den einfachsten Weg und meidet den Widerstand!

Achten Sie auf Zeichen

Wenn ein X am Eingang ist, so haben wir es sinnbildlich mit dem Symbol der gekreuzten Schwerter zu tun. Ein X ist ein Zeichen: Hier kommst du nicht durch! Deshalb: Vermeiden Sie solche Zeichen, die den Durchgang sinnbildlich versperren.

Dunkelheit ist ebenfalls ein Hemmnis. Wenn der Laden tagsüber von weitem nicht zu erkennen ist, ob er geöffnet oder geschlossen hat, so kann Licht im Inneren nötig sein, nicht nur das Schild »geöffnet«.

Was an der Ladentür steht, ist ebenfalls wichtig. Warum stehen dort nicht die »Öffnungszeiten« statt wie in vielen Beispielen »Wir haben geschlossen in der Zeit ...« Denken Sie um und laden Sie die Energie ein, statt sich ihrer zu erwehren, und denken Sie immer daran, dass Ihre Mitbewerber mit großer Sicherheit schon mit den Qi-Faktoren des Feng-Shuis arbeiten und dies nicht immer an die große Glocke hängen. Es gibt sehr große Unternehmen, bei denen ich zur Verschwiegenheit verpflichtet bin, die schon seit mehr als 20 Jahren mit mir arbeiten, um gewinnbringend zu agieren. Feng-Shui ist ein Puzzleteil auf dem Weg zum dauerhaften Erfolg!

Wenn um das Gebäude herum Verfallsanzeichen zu sehen sind, so sind die Lage und damit der Kundenstrom dorthin auf Dauer nicht mehr zu sichern. So wurde ich zu einem Naturkostladen gerufen, der Umsatzschwierigkeiten hatte. Es lag nicht daran, dass der Laden im Inneren kein gutes Feng-Shui gehabt hätte. Bis auf einige Unstimmigkeiten gab es dort nur wenig zu tun. Jedoch das Umfeld des Ladens war sehr bedenklich. Fassaden waren in schlechtem Zustand, die Nebenstraße avancierte schließlich zur Meile mit Etablissements mit zweifelhaftem Ruf. Kein einziges Geschäft außer dem Naturkostladen war mehr in der Straße zu finden! Welch ungünstige Qi-Faktoren. Mein Rat: Ziehen Sie um! Dies taten sie auch, und ich begleitete die Ladensfindung bis hin zur Einrichtung.

Wenn Sie vom Gebäude weglaufende Figuren sehen oder solche, die mit Hammer und Säbel auf das Gebäude weisen, so ist dies für die Geschäfte nicht förderlich.

Pfeile, die nach unten weisen, zeigen den Abwärtstrend des Unternehmens. Spitzen, die auf die Eingangstür zuweisen, ebenfalls.

Auch sogenannte Grabsteine am Eingang sind zu vermeiden!

Links vom Eingang befindet sich ein sogenannter Grabstein.

Das Hemmnis wurde beseitigt und der Name der Firma ist nun deutlich lesbar. Die Farben sind der Himmelsrichtung entsprechend angepasst.

Eine Kinderzahnarztpraxis am Tegernsee liegt sehr günstig: ein freier Platz vor der Eingangstür, dazu genügend Parkplätze, die das Landen des Chis und damit der Patienten erleichtern. Und dennoch: Innerhalb des Flurbereiches, wo zwei Praxen aufeinanderstießen, gab es Orientierungsschwierigkeiten. Die gesamte Aufmerksamkeit wurde auf die Seite der benachbarten Praxis gelenkt! Dies musste sofort behoben werden! Denken Sie immer daran, dass es gilt, die Aufmerksamkeit zu lenken und damit das Chi! Sie können nie genug Energie bekommen, sondern höchstens zu wenig.

In welchem Gebäude arbeiten Sie?

Wie wirkt das Gebäude auf Sie und andere? Im Allgemeinen gilt: Sitzt das Gebäude in der Lehnstuhlposition, hat es beste Voraussetzungen zu gedeihen. Was bedeutet das? Wie ein Lehnstuhl, so benötigt auch das Gebäude im hinteren Teil (entgegengesetzt zum Eingang und der Front) eine Lehne, das heißt ein höheres Gebäude, ein ansteigendes Gelände oder eine hohe Baumgruppe. Rechts und links sollten Gebäude, Bäume oder Mauern das Gebäude einrahmen, so dass es geschützt ist.

Mein Feng-Shui-Master lehrte mich an dem Beispiel eines Kaufhauses, dass man weiß Gott nicht mit diesen Prinzipien scherzen sollte: Das Kaufhaus lief so lange gut, bis die Idee der Erweiterung kam. Ein niedrigeres Gebäude wurde auf der Rückseite angebaut und es wurde ein Durchgang vom hohen Gebäude in den neu angebauten hinteren Teil geschaffen. Damit war der Rücken des Gebäudes nicht mehr stabil und fiel auf der Rückseite ab, was zur Folge hatte, dass die Gewinne des Kaufhauses drastisch sanken. Doch hier gab es Maßnahmen, die ergriffen wurden, um den katastrophalen Zustand zu beenden. Das Gebäude wurde abgekoppelt und ein neuer Zugang zur Sportabteilung geschaffen. Seither laufen die Geschäfte wieder blendend, meinte mein Professor.

Sie können sich sicherlich vorstellen, dass die Einbeziehung von Qi-Faktoren, Berechnungen und Wissen weit über das hinausgeht, was Sie im Allgemeinen für Ihr Geschäft tun können. Mein Credo: Eine gute Diagnostik führt zu perfekten Ergebnissen! Dass man die Firma bereits von weitem gut erkennen muss, dass die Einfahrten und Ausfahrten

ergonomisch verlaufen (so wie das Chi in der Natur) und dass die Fassaden neugierig machen sollten, sind Punkte, die nicht übersehen werden dürfen.

Prüfen Sie:

Hat das Gebäude auf der Rückseite eine gute »Rückendeckung« oder auch »Schildkröte«? Wenn ja, werden sich die Geschäfte stabil entwickeln können.

Ist das Gebäude auf der rechten Seite (Sie stehen mit Blick zum Gebäude) von einem etwas höheren Gebäude umfasst als auf der linken? Wenn ja, dann werden die weiblichen und männlichen Kräfte (»Tiger«, links, und »Drache«, rechts, genannt) im Unternehmen ausgewogen sein und Sie werden genügend Unterstützungen erhalten.

Befindet sich vor dem Gebäude ein großer freier Bereich, eine freie Fläche, ein Teich, ein Park oder Platz? Dann haben Sie einen Landeplatz für den »Vogel Phönix« und somit einen Landeplatz für glückliche Geschäfte! Insbesondere wenn hier die Sonne einfällt und ein Springbrunnen die Energie noch verstärkt. Wasser trägt die Energie des Lebens und des Geldes! Denken Sie daran, dass alles Schwingung ist. Sie können sehr wohl jeden Gedanken in diese Richtung ablehnen, das ist Ihr gutes Recht, dennoch funktionieren die Dinge, auch wenn Sie nicht an sie glauben. Sie haben die Chance, die Zusammenhänge zu erkennen und auf die Dinge zu achten, die erfolgreiche Unternehmer schon lange beachten!

Hier eine Übersicht über die fünf Hauptenergieverteilungen um ein Gebäude, die Ihnen in dieser idealen Form Glück bescheren. Die Tierbezeichnungen drücken dabei das aus, was in physischer Form vorhanden sein sollte. Beispielsweise steht die Schildkröte mit ihrem Panzer für Schutz. Die Schlange ist im zusammengerollten Zustand eine kreisrunde Fläche. Da sie gern in der Sonne liegt, befindet sich dieser Bereich im Süden und ist frei, damit die Schlange Platz hat, sich in der Sonne zu aalen. Der Tiger ist optisch weicher, runder und

niedriger als der Drache, womit beide jeweils unterschiedliche Höhen anzeigen und damit die Balance von Yin und Yang.

Die Schildkröte

Hier haben wir es mit einem festen »Rücken« oder Schutz zu tun. Am besten steht hinter einem Gebäude ein noch höheres oder es befindet sich eine Mauer oder eine Baumreihe zum Schutz des Gebäudes auf der Rückseite. Diese Schutzenergieform wird der Himmelsrichtung Norden zugeordnet.

Der Phönix

Vor dem Gebäude sollte es einen weiten Ausblick geben und die Sonne sollte Einlass finden. Dementsprechend wird diese Energie dem Süden zugeordnet.

Der Tiger

Er befindet sich auf der linken Seite des Gebäudes und wird repräsentiert durch niedrige Gebäude oder Baumgruppen und Hügel. Die beste Position für den Tiger ist der Westen.

Der Drache

Er ist die höhere Struktur, liegt dem Tiger gegenüber und befindet sich auf der rechten Seite des Gebäudes. Seine beste Himmelsrichtung ist der Osten.

Die Schlange

Sie symbolisiert das Halten von Chi. Sie befindet sich am besten mittig vor dem Eingang im Bereich Süden.

Was der Min Tang mit Ihren Geschäften zu tun hat: Die Rolle des Min Tang

Er ist vergleichbar mit der Energie der Schlange, die einen freien Platz bezeichnet. Im Min-Tang-Bereich haben wir eine Art Schüssel, die Energie und Menschen hält.

In Wiesbaden gab es in einer Nebenstraße eine typische Situation: Ein auf Trachtenmoden spezialisierter Laden florierte nicht. Warum? Vorher, nur wenige Häuserblocks entfernt, war er sehr gut gegangen. Ich sah mir den vorherigen Standort an: Vor ihm hatte sich ein kleiner Platz, der als Min Tang bezeichnet wird, befunden. Durch den Umzug aber befand sich dem Eingang des Geschäfts gegenüber nun ein Haus, das wie eine Blockade wirkte!

Ein Min Tang kann also ein Vorplatz sein, ein breiter Bürgersteig, ein offenes Gelände, kurz: ein freier, aber geschützter Bereich. Parkplätze sind für Unternehmer, die Verkäufe an die Laufkundschaft tätigen, notwendig. Kann der Kunde nicht halten, wird er weiterfahren – möglicherweise zum Mitbewerber!

Ohne Frage, Feng-Shui funktioniert trotz des hohen Verkehrsaufkommens in Paris auf dem *Champs-Élysées.* Das Wunder ist darin begründet, dass es überbreite Fußgängerwege und Baumreihen gibt, die zur Straße hin ein Schutzschild bilden. Die sehr breiten Gehsteige sind eine Kulisse für Jongleure und Akrobaten, Sänger und Straßenmusikanten. Hier fühlt man sich am Puls des Lebens und der Haute Couture.

Man kann sich in einem der Straßencafés zurücklehnen und von da aus dem Treiben zuschauen, man ist selbst Akteur und Betrachter zugleich. Würden die Stadträte sich entschließen, die Gehsteige zu verschmälern, wäre es aus mit dem günstigen Feng-Shui und die Leute würden nicht mehr so lange verweilen wie jetzt. Die Geschäfte würden zwangsläufig einen Umsatzrückgang feststellen, der bei den meisten schmerzlich sein dürfte.

Dementsprechend sind Parkbuchten und Parkflächen nah am Geschäft ein Baustein für Ihren Erfolg.

Wir haben durch Baustrukturen, Straßen- und Parkanlagen die Möglichkeit, bewusst in das Gefüge von Wind und Wasser einzugreifen und glückbringende Energien zu lenken. Als ich beispielsweise in Chicago, der *Windy City*, war, bekam ich die pfeifenden Winde und die Eiseskälte direkt zu spüren. Die langen Straßenzüge und die glatten Häuserstrukturen der 61. Straße luden keineswegs zum Verweilen ein. Nur schnell weg und hinein in die nächste Straße. Hier war es schon besser. Baumalleen bremsten den schnellen, eiskalten Wind ab, und es war eine Wohltat, zu *Harrods* zu gehen und sich dort aufzuwärmen. Geht Ihnen das nicht genauso? Wie oft gehen Sie ganz schnell an Geschäften vorbei, die an einer Hauptverkehrsstraße liegen, weil dort die Geräuschkulisse, der Abgasgeruch und die heftigen Winde nicht zum Verweilen einladen? Hastig, wie der vorbeifließende Verkehr, zwängt man sich lieber durch die Nebenstraßen, um zur Fußgängerzone vorzudringen. Hier schieben und drängen die Menschen. Aber es ist wärmer, der Wind ist gebremst und das Tempo gedrosselt. Hier lässt es sich bummeln, schauen und kaufen. Hier verweilt der Mensch. Wozu er sich hingezogen fühlt, da verweilt auch das Chi.

Das glückbringende Chi möchte auch zu Ihnen kommen, Sie brauchen ihm nur noch einen »Bahnhof« zu bauen. Das ist Ihre Investition. So schaffen Sie Haltestellen oder eine sogenannte »Energiesammelstelle« für das Chi und damit für das Glück. Stellen Sie sich vor, Sie würden versuchen, Suppe von einem Brett zu essen. Ohne die nach innen gewölbte Form des Tellers bleibt Ihnen die Nahrung verwehrt. Schafft man dementsprechend zunächst eine aufnehmende Form, kann sich nachfolgend auch das Chi dort sammeln. Draußen ist Chi überall dort wohltätig, wo windgeschützte Situationen anzutreffen sind und die Gestaltung Schutz und Geborgenheit bietet.

Yin und Yang

In der chinesischen Tradition gehen alle Handlungen von dem Prinzip des Gegensatzes – Yin und Yang – aus. Obwohl Sie vollkommen gegensätzlich sind, symbolisieren Yin und Yang in ihrer gemeinsamen Verbindung die Ganzheit, das Tao. Die himmlische und irdische Harmonie ist nur vollkommen, wenn sich die Urkräfte Yin und Yang fließend begegnen – so wie sich der Tag mit der Nacht abwechselt, so wie auf den Frühling der Sommer folgt und auf den Regen der Sonnenschein. Verschiedene Emotionen, Verhaltensweisen und Charaktereigenschaften werden durch Yin und Yang symbolisiert, ebenso alle anderen Aspekte der Welt.

Yang ist quasi ein Sammelbegriff für: hell, männlich, warm, den Himmel, die Berge, die aufrecht strebende Kraft vertikaler Linien. Yang ist die nach außen gerichtete Kraft, die sich durch ungerade Zahlen definiert. Yang ist hoch, laut und mächtig. Im Gegensatz dazu lebt die Urkraft Yin in den Flüssen und Seen, in der Ruhe und Besinnlichkeit, auf grünen Wiesen, in kühlen Nächten und geraden Zahlen. Yin zeigt sich in der Stimmung des Abends, der Nacht, der Vergangenheit, in Tälern und in der Kraft, die nach innen gerichtet ist. Im Geschäft sind es Warte- und Ruhezonen, die dem Yin zugeordnet werden.

Yin und Yang sind nicht statisch, sondern sie verändern sich. So wie ein Bach sich zur Zeit der Eisschmelze in einen reißenden Fluss verwandeln kann und damit vom Yin zum Yang wird, so kann irgendwann auch ein kleiner Baum übermächtig groß werden und ein Zuviel an Yang sein für das Gebäude, vor dem er steht, und für dessen Bewohner. Wer erfolgreich agieren möchte, sollte um sich herum eine Balance von Yin und Yang erreichen. Wer in einer Schattenlage agiert, hat zu wenig Erfolg auf seiner Seite, es sei denn, es handelt sich dabei um einen Kühlhausbetrieb oder eine Leichenhalle.

Praktische Anwendung

Farben

Helle Farben sind rechts, dunkle links. Dies betrifft die Schaufenstergestaltung, Ihre Visitenkarte oder die Einrichtung und Farbgebung generell.

Die linke Seite ist dunkler gestaltet als die rechte.

Der Wechsel der Materialien macht's

Glatte Oberflächen sollten sich mit rauen abwechseln. Große, offene Hallen finden ihr Pendant in gemütlichen Besprechungsräumen. Sonnendurchflutete Eingänge halten sich mit schattigen Büroräumen die Waage, und helle Einrichtungen brauchen auch dunkle Einrichtungselemente.

Linienführungen

Achten Sie bei allem, was Sie platzieren, auf die ansteigende Linienführung von links nach rechts! Ob Sie nun Bilder aufhängen oder Gegenstände platzieren – nach dem Prinzip von Yin und Yang befinden sich die höheren oder größeren Gegenstände immer auf der rechten Seite, vom Eingang aus gesehen. Dies können auch höhere Regale rechts sein oder eine Wand, der ein offener Bereich gegenüberliegt.

Dass dies tatsächlich als wohltuend empfunden wird, ist sehr gut nachweisbar über kinesiologische Tests (Arm-Muskel-Test). Stellen

Sie links vor sich einen hohen Gegenstand auf und einen niedrigen auf die rechte Seite. Lassen Sie sich nun testen. Das heißt, eine zweite Person schaut, ob sie Ihren Arm, den Sie nach vorne strecken, herunterdrücken kann. Das Ergebnis wird immer dasselbe sein: Sie werden schwach.

Die männliche und die weibliche Seite

Wenn Sie Plakate aufhängen, bedenken Sie immer, dass Sie positiver wahrgenommen werden, wenn den Betrachter rechts ein Mann und links eine Frau anschaut. Umgekehrt wirkt das Bild nicht stimmig!

Die ansteigende Aktienkurve

Noch einmal: Von links nach rechts steigt die Höhe an. Somit erzielen Sie den höchsten Aufmerksamkeitsgrad. Wenn Sie etwas aufstellen, so folgen Sie dem Prinzip: Rechts ist höher als links! Links ist dunkler als rechts! Oben ist heller als unten!

Yin und Yang im Überblick

Yin	Yang
weiblich	männlich
dunkel	hell
horizontal	vertikal
weich	hart
Vergangenheit	Zukunft
still	bewegt
innen	außen
kalt	warm
Wasser	Feuer
Nacht	Tag
Blau	Rot

Yin und Yang nehmen innerhalb jeder Firmenberatung eine Schlüsselposition ein. Yin und Yang ergänzen sich idealerweise zur Gesamtharmonie. Niedrige, dunkle Räume mit dunklen Belägen und düsteren Bildszenen verkörpern übermäßiges Yin, die Kraft, die weniger antriebsstark wirkt. Das könnte bedeuten, dass diese Räume das Kreativitätspotenzial und die Arbeitsproduktivität der Beschäftigten nicht unterstützen. Yin symbolisiert im positiven Sinne den kühlen, friedvollen und ruhigen Aspekt. Anders verhält es sich mit Yang. Diese Form von Chi wird als lebhafte, leichte, pulsierende und aktive Energie bezeichnet und führt zu Optimismus und dem Verlangen, etwas zu unternehmen. Yin und Yang, die beiden polaren Gegensätze, ergeben in ihrer Wechselwirkung das nötige Gleichgewicht und die Harmonie in Räumen.

Die fünf Elemente arbeiten für Sie

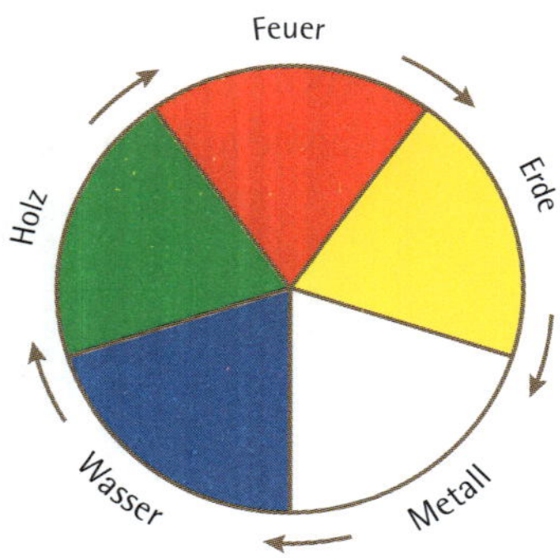

Der Körper wird von den fünf elementaren Kräften gesteuert: Feuer, Erde, Metall, Wasser und Holz. Der Mensch ist gesund, wenn diese Kräfte reibungslos funktionieren. Das Bindeglied zwischen ihnen ist Energie-Chi, auch Qi genannt. Schon Goethe sagte in seinem Gedicht der Naturbetrachtungen, der Epirrhema: »Nichts ist drinnen, nichts ist draußen, denn was innen, das ist außen.« Einerseits sind Sie durch das Jahr, in dem Sie geboren wurden, einem Element mehr verbunden als den anderen, so dass Sie dies in der Tabelle erst einmal nachschauen sollten, um zu wissen, was dieses Element ist. Später können Sie nachlesen, wie Sie sich einrichten sollten, damit Sie unterstützende Faktoren um sich haben, die Ihnen die nötige Kraft für Ihren Erfolg geben. Wenn Sie beispielsweise in einem Jahr des Feuers geboren sind, dann benötigen Sie die Energien des Holzes, Pflanzen und grüne Farben in Ihrer Umgebung. Andererseits herrschen die Elemente auch in den verschiedenen Himmelsrichtungen vor. Im Süden Ihrer Räume herrscht Feuer vor, im Westen ist es das Metall, im Norden das Wasser, im Osten das Holz und schließlich im Nordosten und Südwesten das Element Erde. Erfolgreich agieren heißt, dass Sie Ihr eigenes Element im Umkreis von zwei Metern unterstützen und je nach der Himmelsrichtung Ihr Büro, Geschäft oder die Praxis mit Farben, Pflanzen, Wasserspielen, Bildern oder Accessoires versehen. So entstehen kraftvolle Räume und eine kraftvolle Umgebung für Sie persönlich.

Sehen Sie in den späteren Kapiteln auch den Zusammenhang zwischen Ihren Visitenkarten sowie Geschäftspapieren und Ihrem persönlichen Element.

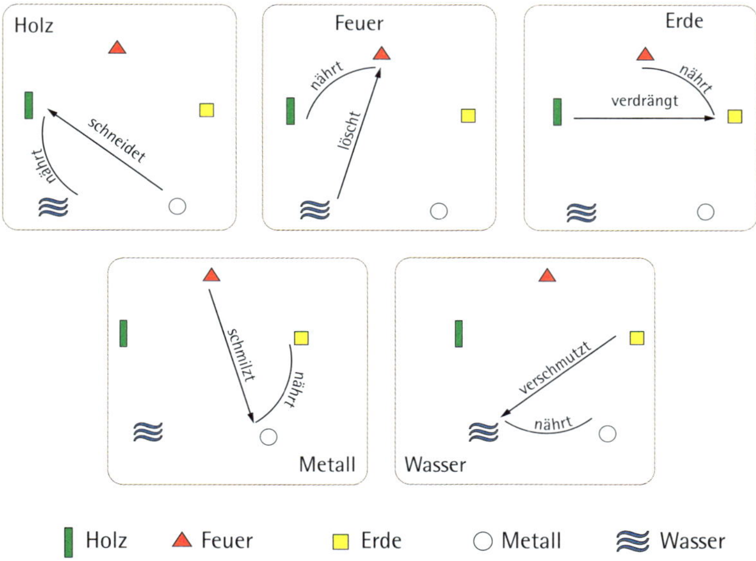

Der Kontrollzyklus der Elemente

Der Kreislauf der Elemente besagt, dass das Element Feuer, wenn es erlischt, zu Asche und damit wieder zu fruchtbarer Erde wird. Diese erzeugt in sich das Element Metall. Unter großen Druck verflüssigt es sich und wird zu Wasser. Das Wasser nährt die Pflanzen und damit das Element Holz, welches seinerseits das Feuer nährt.

So wie sich die Elemente unterstützen, so kontrollieren sie sich auch. Dies bezeichnet man als »Kontrollzyklus«. Wasser löscht das Feuer, Feuer schmilzt das Metall, Erde dämmt das Wasser ein, Metall hackt das Holz und Holz entzieht der Erde die Kraft.

Feuer, Erde, Metall, Wasser und Holz
wirken in jedem Körper wie auch im Raum.

Alle fünf Elemente wirken durch die Jahreszeiten hindurch. So sorgt das Element Feuer in den Sommermonaten für Hitze, das Erdelement für die Wärme im Spätsommer. Das Metall sorgt für die Kühle und Feuchtigkeit im Herbst. Das Element Wasser bringt Kälte im Winter mit sich und das Element Holz den Frühling. Klinken Sie sich in das Wissen der Elemente ein, damit Sie mit sich und Ihrer Umwelt im Einklang leben können.

Sie haben bereits Chi kennengelernt. Es erzeugt durch seine polare Natur die fünf Energieformen: Holz, Wasser, Feuer, Erde und Metall. Hinter jedem einzelnen Element steckt eine Kraftwirkung, die Sie ganz gezielt für Ihren Erfolg verwenden können. Die Kräfte sind in ihrer Richtung und Auswirkung unterschiedlich. So geht die Kraft des Metalls ins Innere, konzentriert und sammelt sich, weshalb es sehr vorteilhaft ist, ein kühles Ambiente in hellem Blau und Weiß zu schaffen, wenn man einen kühlen Kopf bewahren möchte. Hinter dem Element Erde verbirgt sich eine Kraft, die in die Horizontale geht und sehr dem Boden verhaftet ist, weshalb Einrichtungen im japanischen Stil, die sehr horizontal betont sind, auch sehr viel Ruhe und Gelassenheit ausstrahlen. Möchten Sie die elementare Kraft des Wassers nutzen, werden Sie in erster Linie Brunnen aufstellen, da Sie am besten die fließende, sich in fortwährender Veränderung befindende Chi-Kraft des Wasser-Elementes ausdrücken. Ganz anders funktioniert die Chi-Kraft des Holzes. Sie ist vertikal, aufstrebend, auf Wachstum hin orientiert, so wie es beispielsweise die Bambuspflanzen repräsentieren. Ganz ähnlich verhält es sich mit der elementaren Kraft des Feuers. Sie geht in der Bewegung aus sich heraus, öffnet sich und durchbricht die Grenzen, so dass alle nach oben hin spitzen Formen symbolisch diese Kraft repräsentieren. Richtig angewandt, entfalten sich die Chi-Kräfte durch die Anwendung der elementaren Kräfte. Sie werden im Laufe des Buches erfahren, wo Sie diese für Ihren Erfolg einsetzen können. Gesundheit, Glück und Wohlstand sind die natürlichen Folgen.

Die Beobachtung der Natur brachte das Wirken der Elemente zutage. Die Erkenntnis, dass die Elemente im Körper wie auch in der Natur existieren, legt den Gedanken nahe, dass Sie auch in den Räumen wirken und sozusagen »funktionieren« müssen. Dem ist in der Tat so! Sie spielen bei der Einrichtung und Ausrichtung von Gebäuden eine nicht zu unterschätzende Rolle und helfen auch jedem dabei, sich selbst besser zu unterstützen. Heute verbringen wir die wenigste Zeit in der Natur. Wir sind vielmehr in unseren Räumen, oft 16 Stunden und mehr. Was liegt näher, als die Elemente in die Räume zu integrieren? Je mehr wir in einer technisierten Welt leben, umso eher haben wir das Bedürfnis nach Natur, nach frischer Luft, Vogelzwitschern, Bäumen und Blumen. Der weiche Waldboden unter den Füßen, die Feuchtigkeit und Frische der Luft sowie die Farbenvielfalt der Blumen und deren fantastisch aufeinander abgestimmte Formenvielfalt scheinen mit der grauen Alltagswelt der Büros nicht viel gemein zu haben. Feng-Shui erinnert uns wieder daran, wie wir uns den natürlichen Rhythmen nähern und auch in der modernen Welt des 21. Jahrhunderts einen besseren Einklang mit den Elementen der Natur finden können. Integrieren Sie die fünf Elemente in Ihr Leben und Ihr Unternehmen für mehr Erfolg!

Das Element Feuer

Das Feuer steht mit der südlichen Himmelsrichtung in Verbindung und repräsentiert Hitze und aufsteigende Energie. Licht, aufstrebende, vertikale Linien und rote Farben erzeugen das Element Feuer in Ihren Räumen und damit die Energien von Erfolg, Ruhm und Anerkennung. Da Holz das Feuer nährt, sind auch Pflanzen ein hervorragendes Mittel der Wahl, um mehr Chi zu erzeugen.

Da Wasser das Feuer »erzieht«, ist es hervorragend dazu geeignet, um ihm Stärke zu geben. Zu viel Wasser kann allerdings das Feuer löschen. Deshalb vermeiden Sie ein Zuviel an Blau im Süden Ihrer Räume!

Das richtige Maß der Elemente zueinander ist das Geheimnis der erfolgreichen Balance. Zu einer Wand in Rottönen einen blauen Wasserbrunnen zu stellen oder ein Wasserrelief an die Wand zu hängen, das mit einer dekorativen Pflanze umgeben ist, wäre ein vortreffliches Spiel der Elemente **Wasser-Holz und Feuer.**

Das Element Erde

In den Himmelsrichtungen Südwesten, Nordosten und in der Mitte Ihrer Geschäftsräume wirkt die Kraft des Elementes Erde. Es verleiht Ausdauer und Stabilität. Schwere Gegenstände, Sand, Marmor, Gelbtöne, niedrige und ausladende Sitzmöbel sowie schwere Teppiche verkörpern die elementare Kraft der Erde. Ebenso klinken sie sich mit dunklen und horizontalen Formen ein. Gerade dann, wenn der Raum sehr hell und mit großen Fenstern ausgestattet sein sollte, sind dunkle Farben, wie beispielsweise Brauntöne oder Ocker, neben horizontalen Linienführungen ein guter Garant dafür, dass Sie das Element Erde und damit Durchhaltevermögen und Praktikabilität zu sich einladen.

Das Element Metall

Die Energie des Metalls wird mit den Himmelsrichtungen Westen und Nordwesten in Verbindung gebracht, so dass Metall für den materiellen Reichtum und für Durchsetzungskraft steht. In der Tat, Goldbarren sind in ihrer Reinform dem Metallelement zugehörig. Natürlich auch Kupfer, Zink, Zinn, Platin und Silber.

Wenn Sie sich mit runden Formen, metallischen Einrichtungen und Kunstobjekten umgeben, so werden Sie Reichtum, Einfluss und Durchsetzungskraft für Ihre Vorhaben gewinnen. Metall im Übermaß symbolisiert jedoch auch Kälte, Härte und Unnachgiebigkeit, was zu vermeiden ist.

Das Element Wasser

Die Energie des Wassers wird mit der Himmelsrichtung Norden verbunden. Diese Energieform beschleunigt die Karriere des Unternehmens. Wenn Sie sich mit ihr in Einklang bringen möchten, dann sind Wasserobjekte, blaue und kühle Farben sowie auch Glasobjekte ideal.

Das Element Holz

Wenn Sie mit der Energie des Holzes in Einklang kommen möchten, dann sind Pflanzen, vertikale Linien und grüne Farbtöne im Osten und Südosten exzellent. Auch Holz selbst, wie Bambusstangen oder hohe Skulpturen, symbolisiert die Holzkräfte.

Holz spricht als Pflanze die Sprache von Wachstum und Gedeihen. Deshalb steht Holz auch für inneren und äußeren Reichtum.

Das Konzept der fünf Harmonien wird bei einer Feng-Shui-Beratung detailliert angewandt. Wer das komplizierte Zusammenspiel beherrscht, kann im Einzelfall die richtige Entscheidung für das Wachstum eines Unternehmens treffen.

Im Zentrum der Aufmerksamkeit stehen die fünf Elemente, die sich gegenseitig kontrollieren oder anregen. Ist die Verbindung der Elemente harmonisch aufeinander abgestimmt, so läuft alles reibungslos. Dies betrifft die Räume, was Farbe und Form angeht, sowie deren Abstimmung auf die Himmelsrichtungen und Ihr Geburtsdatum, aber auch auf Ihr Logo und Ihre Werbung. Sind beispielsweise die Farben Blau/Grün, Grün und Rot, Rot und Gelb, Gelb und Weiß, Weiß und Blau aufeinander abgestimmt, so empfinden wir den Anblick eines Raumes als harmonisch.

Sind die Kontrollzyklen im Übermaß tätig, dann gibt es Ärger, Leid und Frustration.

Dagegen ist das blau-weiße Label der Nivea-Dose auf absolut günstig gewählt, da es die Elemente Metall und Wasser darstellt, die harmonisch aufeinander abgestimmt sind und in produktiver Folge der Elemente wirken.

Bei der Anwendung von Feng-Shui geht es vor allem darum, die Wechselwirkungen der verschiedenen Elemente untereinander zu deuten. So soll die physische Umgebung positiv beeinflusst werden. Feng-Shui-Praktiker analysieren, ob sich die fünf Elemente in einer Balance befinden oder ob sie aus dem Gleichgewicht geraten sind. Ist Letzteres der Fall, sind entsprechende Korrekturen möglich.

Der Verlauf des Sonnenlichtes gibt wesentliche Anhaltspunkte über die Art der Energie und deren Nutzung. Wer mit »Wind und Wasser« nichts verkaufen möchte, sondern seiner Bürotätigkeit nachkommen will, der braucht Ruhe und eine schöne Aussicht. Er braucht eher Ostlicht als grelle Sonneneinstrahlung. Oder finden Sie es zumutbar, in einem Südzimmer am PC zu arbeiten? Trotzt Klimaanlage ist es nervenaufreibend. Denn die Computertätigkeit und die Himmelsrichtung Süden sind beides starke Energien (Yang), die sich gegenseitig aufschaukeln können. Als Folge davon sind die Mitarbeiter und Angestellten leichter krank und leiden häufig an Nervenüberreizungen und Herz-Kreislaufbeschwerden.

Nichts ist »zu-fällig«!

Denn was einem **zufällt**, ist die Folge von Ereignissen, die man selbst verursacht hat. Schaffen Sie sich ein Klima des Erfolges, und arbeiten Sie auf mehreren Ebenen, nämlich im Bewusstsein, auf der Gefühlsebene und im äußeren Ambiente zugleich. Ihre Kollegen und Mitarbeiter spüren den Unterschied sehr schnell. Sie alle fühlen sich motivierter, kommen gern zur Arbeit, sind weniger krank und bereit, ihr Bestes zu geben. Auch jeder Ladenkunde spürt, dass Feng-Shui »in der Luft« liegt.

Die Botschaft, die Sie senden, ist:

Sei willkommen, tritt ein, verweile,
fühle dich wohl und empfiehl uns weiter!

Mit der Erfolgsrichtung ans Ziel: Ihre Ming-Kwa-Zahl

Wer in einer seiner günstigen Richtungen sitzt, in eine davon schaut oder mit dem Kopf liegt, wird immer ein Mehr an Energie und Tatkraft spüren!

Das Element der Ming-Kwa-Zahl hat direkt nichts mit dem Jahreselement zu tun. Sie sind als Frau beispielsweise am 30.08.1957 geboren. Dann ist Ihr Jahreselement Feuer. Ihr Ming-Kwa-Element ist Erde. Beide Elemente sind günstig für Sie: Feuer und Erde. Ihr Ming-Kwa-Element wird zur Korrektur ungünstiger Richtungen von den Feng-Shui-Mastern herangezogen. Wenn beispielsweise Ihr Büro im Norden ist, dann herrscht im Norden die Wasserenergie vor. Der Norden wäre somit sehr ungünstig. Wenn Sie dies dennoch nicht ändern können, dann sollte der Raum in der Farbe Gelb gestrichen werden. Gelb gehört zum Element Erde und korrigiert die überschüssige Wasserenergie im Raum.

Sicherlich werden Sie Ming Kwa 5 vermissen. Bei Berechnungen der Ming-Kwa-Zahlen mit dem Ergebnis 5 wird automatisch eine Wandlung vorgenommen, Frauen erhalten die Zahl 8 erhalten und Männer die 2.

Jahr	Beginn	Jahreselement	Tierkreiszeichen	Ming Kwa Beginn	Ming Kwa Männer	Ming Kwa Frauen
1933	26. Januar	Wasser	Hahn	05. Februar	4	2
1934	14. Februar	Holz	Hund	05. Februar	3	3
1935	04. Februar	Holz	Schwein	05. Februar	2	4
1936	24. Januar	Feuer	Ratte	04. Februar	1	8
1937	11. Februar	Feuer	Büffel	05. Februar	9	6
1938	31. Januar	Erde	Tiger	05. Februar	8	7
1939	19. Februar	Erde	Hase	05. Februar	7	8
1940	08. Februar	Metall	Drache	04. Februar	6	9
1941	27. Januar	Metall	Schlange	05. Februar	2	1
1942	15. Februar	Wasser	Pferd	05. Februar	4	2
1943	05. Februar	Wasser	Schaf	05. Februar	3	3
1944	25. Januar	Holz	Affe	04. Februar	2	4
1945	13. Februar	Holz	Hahn	05. Februar	1	8
1946	02. Februar	Feuer	Hund	05. Februar	9	6
1947	22. Januar	Feuer	Schwein	05. Februar	8	7
1948	10. Februar	Erde	Ratte	04. Februar	7	8

Jahr	Beginn	Jahreselement	Tierkreiszeichen	Ming Kwa Beginn	Ming Kwa Männer	Ming Kwa Frauen
1949	29. Januar	Erde	Büffel	05. Februar	6	9
1950	17. Februar	Metall	Tiger	05. Februar	2	1
1951	06. Februar	Metall	Hase	05. Februar	4	2
1952	27. Januar	Wasser	Drache	04. Februar	3	3
1953	14. Februar	Wasser	Schlange	05. Februar	2	4
1954	03. Februar	Holz	Pferd	05. Februar	1	8
1955	24. Januar	Holz	Schaf	05. Februar	9	6
1956	12. Februar	Feuer	Affe	04. Februar	8	7
1957	31. Januar	Feuer	Hahn	05. Februar	7	8
1958	18. Februar	Erde	Hund	05. Februar	6	9
1959	08. Februar	Erde	Schwein	05. Februar	2	1
1960	28. Januar	Metall	Ratte	04. Februar	4	2
1961	15. Februar	Metall	Büffel	05. Februar	3	3
1962	05. Februar	Wasser	Tiger	05. Februar	2	4
1963	25. Januar	Wasser	Hase	05. Februar	1	8
1964	13. Februar	Holz	Drache	04. Februar	9	6

Jahr	Beginn	Jahreselement	Tierkreiszeichen	Ming Kwa Beginn	Ming Kwa Männer	Ming Kwa Frauen
1965	02. Februar	Holz	Schlange	05. Februar	8	7
1966	21. Januar	Feuer	Pferd	05. Februar	7	8
1967	09. Februar	Feuer	Schaf	05. Februar	6	9
1968	30. Januar	Erde	Affe	04. Februar	2	1
1969	17. Februar	Erde	Hahn	05. Februar	4	2
1970	06. Februar	Metall	Hund	05. Februar	3	3
1971	27. Januar	Metall	Schwein	05. Februar	2	4
1972	15. Februar	Wasser	Ratte	04. Februar	1	8
1973	03. Februar	Wasser	Büffel	05. Februar	9	6
1974	23. Januar	Holz	Tiger	05. Februar	8	7
1975	11. Februar	Holz	Hase	05. Februar	7	8
1976	31. Januar	Feuer	Drache	04. Februar	6	9
1977	18. Februar	Feuer	Schlange	05. Februar	2	1
1978	07. Februar	Erde	Pferd	05. Februar	4	2
1979	28. Januar	Erde	Schaf	05. Februar	3	3
1980	16. Februar	Metall	Affe	04. Februar	2	4

Jahr	Beginn	Jahreselement	Tierkreiszeichen	Ming Kwa Beginn	Ming Kwa Männer	Ming Kwa Frauen
1981	05. Februar	Metall	Hahn	05. Februar	1	8
1982	25. Januar	Wasser	Hund	05. Februar	9	6
1983	13. Februar	Wasser	Schwein	05. Februar	8	7
1984	02. Februar	Holz	Ratte	04. Februar	7	8
1985	20. Februar	Holz	Büffel	05. Februar	6	9
1986	09. Februar	Feuer	Tiger	05. Februar	2	1
1987	29. Januar	Feuer	Hase	05. Februar	4	2
1988	17. Februar	Erde	Drache	04. Februar	3	3
1989	06. Februar	Erde	Schlange	05. Februar	2	4
1990	27. Januar	Metall	Pferd	05. Februar	1	8
1991	15. Februar	Metall	Schaf	05. Februar	9	6
1992	04. Februar	Wasser	Affe	04. Februar	8	7
1993	23. Januar	Wasser	Hahn	05. Februar	7	8
1994	10. Februar	Holz	Hund	05. Februar	6	9
1995	31. Januar	Holz	Schwein	05. Februar	2	1
1996	19. Februar	Feuer	Ratte	04. Februar	4	2

Jahr	Beginn	Jahreselement	Tierkreiszeichen	Ming Kwa Beginn	Ming Kwa Männer	Ming Kwa Frauen
1997	07. Februar	Feuer	Büffel	05. Februar	3	3
1998	28. Januar	Erde	Tiger	05. Februar	2	4
1999	16. Februar	Erde	Hase	05. Februar	1	8
2000	05. Februar	Metall	Drache	04. Februar	9	6
2001	24. Januar	Metall	Schlange	05. Februar	8	7
2002	12. Februar	Wasser	Pferd	05. Februar	7	8
2003	01. Februar	Wasser	Schaf	05. Februar	6	9
2004	22. Januar	Holz	Affe	04. Februar	2	1
2005	09. Februar	Holz	Hahn	05. Februar	4	2
2006	29. Januar	Feuer	Hund	05. Februar	3	3
2007	18. Februar	Feuer	Schwein	05. Februar	2	4
2008	02. Februar	Erde	Ratte	04. Februar	1	8
2009	16. Januar	Erde	Büffel	05. Februar	9	6
2010	14. Januar	Metall	Tiger	05. Februar	8	7
2011	03. Februar	Metall	Hase	05. Februar	7	8
2012	23. Januar	Wasser	Drache	04. Februar	6	9

Jahr	Beginn	Jahreselement	Tierkreiszeichen	Ming Kwa Beginn	Ming Kwa Männer	Ming Kwa Frauen
2013	10. Februar	Wasser	Schlange	05. Februar	2	1
2014	31. Januar	Holz	Pferd	05. Februar	4	2
2015	19. Februar	Holz	Schaf	05. Februar	3	3
2016	08. Februar	Feuer	Affe	04. Februar	2	4
2017	28. Januar	Feuer	Hahn	05. Februar	1	8
2018	16. Februar	Erde	Hund	05. Februar	9	6
2019	05. Februar	Erde	Schwein	05. Februar	8	7
2020	25. Januar	Metall	Ratte	04. Februar	7	8
2021	12. Februar	Metall	Büffel	05. Februar	6	9
2022	1. Februar	Wasser	Tiger	05. Februar	2	1
2023	22. Januar	Wasser	Hase	05. Februar	4	2
2024	10. Februar	Holz	Drache	04. Februar	3	3
2025	29. Januar	Holz	Schlange	05. Februar	2	4
2026	17. Februar	Feuer	Pferd	05. Februar	1	8
2027	6. Februar	Feuer	Schaf	05. Februar	9	6
2028	26. Januar	Erde	Affe	04. Februar	8	7

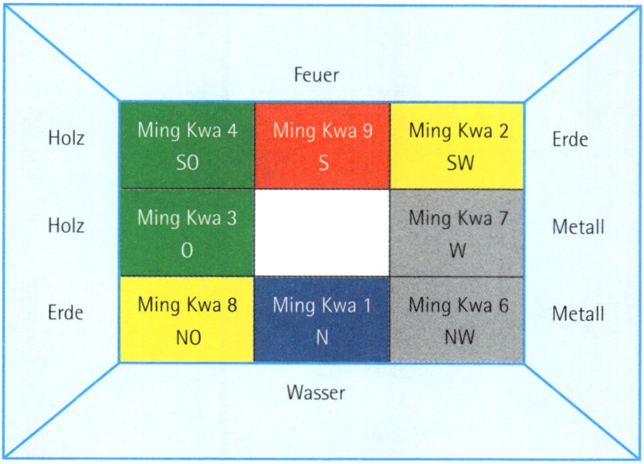

Die Karriere unterstützen

Der Weg ist lang und geschwungen, bevor Sie das Unternehmen betreten? Die Firma hat einen Rückenschutz und ist damit gegen Rückfälle im wahrsten Sinne des Wortes gewappnet? Wasser fließt vor dem Eingang? Der Eingang ist leicht zu finden, gut beleuchtet, sauber und einladend mit Pflanzen und gutem Duft versehen? Prima, die Karriereaussichten sind sehr günstig.

Wer beruflich weiterkommen will, wird Feng-Shui anwenden. Im Laufe der letzten fünfundzwanzig Jahre habe ich für mich selbst und für meine Klienten unterschiedliche Wege des Feng-Shui ausprobiert. Ich habe mir Notizen darüber gemacht, welche Maßnahmen welche Veränderungen nach sich zogen, und kann Ihnen deshalb zuverlässige Ratschläge für Ihre Karriere geben. Das Erste, was Sie für Ihre Karriere benötigen, ist ein Kompass. Mit dem Kompass stellen Sie zunächst fest, wo sich welche Himmelsrichtungen befinden. Wenn Sie die Himmelsrichtungen festgestellt haben, dann sollten Sie Ihre Karriererichtung suchen. Schauen Sie in eine der Richtungen oder sitzen Sie in einem solchen Raum? Sollte dies nicht möglich sein, dann prüfen Sie im Raum die Möglichkeit, über einen Spiegel in eine Ihrer guten Richtungen schauen zu können. Probieren Sie es aus!

Das sind Ihre Karriererichtungen

Ming Kwa	Karriererichtung
1	Norden
2	Südwesten
3	Osten
4	Südosten
6	Nordwesten
7	Westen
8	Nordosten
9	Süden

Wer in seine Karriererichtung schaut, den Blick zur Tür hat und eine Wand im Rücken, ist immer auf der Seite der Erfolgreichen. Wussten Sie schon, dass, wer die Tür im Blick hat, das Leben kontrolliert? Wer zudem eine Wand im Rücken hat, ist gegen geschäftliche Rückschläge gewappnet.

Wohlfühlfaktor Geld

Ihr Umgang mit der Energie des Geldes – der Qi-Reichtumsfaktor

Geld gibt es im Überfluss. Denn Chi, die universelle Energie des Lebens, möchte auch zu Ihnen gelangen. Wer ein Geschäft betreibt, ob es nun ein Geschäft für Laufkunden, ein Onlinegeschäft, eine Produktionsfirma oder ein Büro ist: Immer geht es um Geld und die Einstellung dazu. Deshalb fragen Sie sich zunächst: Wie ist Ihre Einstellung zu Geld? Welche alten Muster liegen Ihrem Handeln zugrunde?

Frau Monika Müller, Finanzcoach aus Wiesbaden, ist eine exzellente Begleiterin auf dem Weg, alte Muster zu lösen und neue zu etablieren. Sie selbst hat sich mit Feng-Shui beraten lassen und weiß, wie wichtig die Rolle der Qi-Faktoren ist. Ihr Logo ist völlig ausbalanciert und entspricht auch ihrer Firmenphilosophie. Von ihr haben meine Schüler und ich durch Seminare bereits mehrfach profitiert. Auf ihrer Webseite werden Sie u. a. Folgendes zum Thema Geld entdecken:

»Warum ist das Geld für uns Menschen so wichtig?

Jeder von uns verbindet mit Geld etwas sehr Persönliches. Die individuelle ›Geld-Identität‹ ist so einzigartig wie der persönliche Fingerabdruck – bei Unternehmen und Organisationen ebenso wie beim einzelnen Menschen.

Die Identität und Kultur im Umgang mit Geld als Schlüssel für Veränderung

Wer bei sich oder in seinem Unternehmen Veränderungen anstrebt, muss damit anfangen zu verstehen, was er, seine Mitarbeiter oder Kunden mit Geld unbewusst verbinden. Denn: Beruflich oder privat – wir übertragen dem Geld unbewusst Aufgaben und Eigenschaften, die es nicht erledigen kann: Wir sagen Geld sei Sicherheit oder Freiheit, es wird als schmutzig bezeichnet oder wir sagen, es macht uns Druck. Erst wer seinen individuellen Übertragungsmechanismus erkennt und ihn beachtet, kann die dem Geld übertragenden Bedürfnisse zu sich zurücknehmen und sie auf andere Weise wirklich erfüllen.

Unbelastet von persönlichen Übertragungen beginnt das Geld, wieder frei zu zirkulieren – im Unternehmen und im Privatleben. Das ist die Grundlage für alle erfolgreichen Entscheidungen mit Geld, Finanzen und an der Börse.«[2]

Der allgemeine Reichtumspunkt (nicht Ihr spezieller Punkt!) liegt im Südosten Ihrer Räumlichkeiten. Wer beruflich erfolgreich sein und bleiben möchte, muss parallel im Business und im Privatbereich agieren.

Südosten: große Pflanzen und Wasser

Stellen Sie hier Ihr Reichtumsgefäß auf.[3]

---

2) Vgl. http://www.fcm-coaching.de/fcm_themen/geld_und_finanzen/, abgerufen am 9.3.2015

3) Zu beziehen beispielsweise über die Verlags- oder Autorenhomepage.

Ihr Reichtumsgefäß

Auf den Boden des Gefäßes kommt Sand. In der Regel ist dies Vogelsand. Dann kommen Muscheln (Wasser = Reichtum) in das Gefäß. Als Nächstes kommen acht Feng-Shui-Geldmünzen für Glück und Erfolg hinzu. Dann wird ein roter Umschlag mit Papiergeld gefüllt, am besten mindestens 100 Euro. Dieses Geld ist »Überflussgeld«, das man in Zeiten, in denen man es für eine Nachnahme oder anderes schnell einmal braucht, zur Hand hat. Man hat ja genug und schöpft Geld aus dem Umschlag, der sich im Reichtumsgefäß befindet. Ein zweiter roter Umschlag enthält ein rotes Blatt Papier, auf dem mit einem goldenen Stift die Wünsche beschrieben sind. Was man sich in einem Jahr wünscht zu erreichen, das steht hier geschrieben. Dieser Wunsch wird nach einem Jahr aus dem Umschlag genommen und angeschaut. Was hat man alles geschafft? Das Blatt wird verbrannt (zu Neumond), und ein neuer Wunsch wird aufgeschrieben. In jedem Fall sollte man hierzu einen Feng-Shui-Kalender benutzen[4], um günstige Tage des Voll- und Neumondes zu bestimmen und ganz allgemein seine geschäftlichen Aktivitäten nach ihm zu richten. Nun werfen Sie Münzgeld in das Gefäß und Papiergeld (hierzu eignen sich 5-Euro-Scheine, weil die Zahl 5 die Zahl der Elemente ist). Wenn Ihr Reichtumsgefäß im Südosten nicht stehen kann, dann verwenden Sie Glasobjekte und Messingglanz.

4) Sie können zum Beispiel den jedes Jahr von unserem Institut veröffentlichten Kalender hierfür verwenden, zu beziehen unter www.moogk-design.de.

Den Reichtum der Firma steigern

Erkennen Sie Ihre Fähigkeiten, Reichtum zu kreieren! Finanzielles Geschick und Glück gehören genauso dazu, wie den inneren Reichtum zu erkennen und ihm auf die Sprünge zu helfen.

Wer die südöstliche Himmelsrichtung innerhalb seines Unternehmens oder Büros untersucht, wird bald feststellen, woran sein Reichtum eigentlich krankt oder warum er so vortrefflich blüht. In der Tat finde ich bei gut gehenden Unternehmen gerade den Südosten prächtig gestaltet. Große Pflanzen, Licht und Wasser aktivieren das Yang-Chi des Reichtums.

In einem Hotel in Hongkong sah ich das Symbol des Geldes im Südosten der Eingangshalle und darauf stand ein Klavier. Das schwarze Klavier, Yin, wurde durch weiße Kiesel in der Umrandung, Yang, zu einem Reichtumssymbol. Schon allein der Anblick war atemberaubend schön und harmonisch. Kein Wunder, dass sich die Hotelgäste rund um das Klavier einfanden und es selten einen freien Platz gab.

Menschen, die wenig Talent haben, ihr Geld in der Hand zu behalten, und denen es eher durch die Finger zu rinnen scheint, sollten sich mit der südöstlichen Himmelsrichtung beschäftigen. Sehen Sie sich einmal mit den Augen eines Feng-Shui-Kundigen den Bereich des Reichtums im Unternehmen, den Südosten, an. Wie *reich* empfinden Sie die Dekoration? Welche Art von Reichtum verbinden Sie damit? Das Gesetz von Ursache und Wirkung besagt eindeutig, dass das angezogen wird, was man symbolisch und gedanklich verankert. Schauen Sie sich um, und stellen Sie fest, was blockiert ist oder blockierend wirkt. Sind es

Bücherstapel, Aktenschränke, welke Pflanzen oder schlicht Gerümpel? Entfernen Sie alles Abgestorbene oder Vertrocknete. Gießen und pflegen Sie die Pflanzen, damit sie üppig gedeihen – so wie auch der Reichtum gedeihen soll.

In Asien bevorzugt man zum Anziehen der Reichtumsenergie grundsätzlich Wasser. Große Springbrunnen vor den Banken und Aquarien mit Arowanafischen stehen für Reichtum. Einflussreiche Banken, wie die Bank of China in Hongkong, erzeugen viel Reichtums-Chi. Die Farbe Rot der Fische bringt Glück in Geldangelegenheiten und bedeutet Yang und Aktivität. Wer kein Wasser aufstellen kann, wird zumindest Bilder von Wasser aufhängen.

Schauen wir uns zunächst den Bereich von Reichtum und Segen an. Reichtum und Segen werden erlangt, indem Sie gute Partnerschaften zu Ihren Geschäftsfreunden aufbauen und sich ihnen gegenüber zuverlässig, korrekt, treu und selbstbewusst verhalten. Reichtum können Sie sich als eine sich füllende Schale vorstellen die, je nachdem, wie viel Sie zu geben bereit sind, von anderen gefüllt wird. Symbolisch entspricht dieser Bereich dem Wachstum eines Baumes, einer Pflanze, die ihren Samen irgendwann einmal gestreut hat und die im späten Frühling treu und zuverlässig wächst. Es ist aber auch das Symbol der Schale an sich, die Sie in den Südosten stellen können, gefüllt mit Münzen oder Glasperlen, die den Grundstein legen für noch mehr Inhalt, der hinzukommt. Geldmünzen, die es in China mit der typischen mittigen Lochung gibt, werden gern für den Bereich des Reichtums und Segens verwendet, da sie mit besonderen Symbolen des immerwährenden Glücks ausgestattet sind.

Auch die Verwendung von Geld-Buddhas, die so heißen, weil sie einen gefüllten Sack mit sich tragen, kann Reichtum anziehen. Sie müssen jedoch kein Anhänger von chinesischen Accessoires werden, denn es gibt eine ganze Reihe von abendländischen Möglichkeiten, Reichtum zu symbolisieren, zum Beispiel mit Bildern von Olivenhainen. Jede Art von Bildern mit Flüssen, Seen oder Meereswogen ist angebracht. Wie das Wasser aussieht, sollte Ihnen einen Hinweis auf die Qualität des Reichtums geben können. Ein karger, schroffer Felsen in einer tosenden Brandung kann beispielsweise bedeuten, dass der Reichtum nicht gehalten werden kann. Seien Sie deshalb auch wachsam, was die Inhalte der Wasserbilder angeht, und seien Sie versichert, dass 100 Prozent Wasser-Chi nur in der Natur vorkommen und dass das Wasserbild nicht mehr als das Vorbild der Energie sein kann! Beachten Sie auch die Richtung, in die das Wasser auf einem Bild fließt. Es sollte Ihnen zufließen und sich im Vordergrund sammeln. Niemals sollten Sie es aus dem Fenster oder der Tür fließen lassen. Hängen Sie das Bild am besten so auf, dass das Wasser darauf in den Raum hineinfließt.[5]

5) Energiebilder von C. Morell können Sie über www.moogk-design.de beziehen.

Echtes Wasser ist natürlich in jedem Fall einem Bild vorzuziehen. Denn nur dieses befeuchtet den Raum und gibt die richtige Luftfeuchte, auch für das Wachstum der Pflanzen und damit für Ihr eigenes Wachsen und Vorwärtskommen. Das Reinigen und Erneuern von Brunnen oder Aquarien ist eine Arbeit, die uns daran erinnern sollte, auch saubere Geschäftsabschlüsse zu tätigen, und es erinnert uns immer wieder daran, dass es von Bedeutung ist, in einer »sauberen« Art und Weise mit seinen geschäftlichen Absichten und Partnern umzugehen.

Symbolisch bedeutet Wasser Erneuerung und die Eröffnung von Möglichkeiten. Man könnte auch sagen: »Geben ist seliger denn Nehmen.« Innerer Reichtum ist genauso gemeint wie der Reichtum im Äußeren. Jedoch muss Reichtum definiert werden. Definieren Sie deshalb, in welcher Zeit Sie wie viel Reichtum, im Inneren wie im Äußeren, erwerben möchten. Alles, was Fülle und Reichtum für Sie ausmacht, kann im Südosten Verwendung finden.

Reichtum ist nicht zu erlangen ohne die Pflege der Kunden und der Partner des Unternehmens. Andererseits ist auch das Prestige einer Firma davon abhängig, inwieweit sie bereit ist, den Weg ihrer Mitarbeiter zu fördern, ihnen Perspektiven für ihre Karriere aufzuzeigen und in den Räumlichkeiten ein Ambiente des Wachstums herzustellen. In den nächsten zwanzig Jahren wird sich das Verhältnis des Arbeitgebers zu den Auszubildenden wandeln. Die Geschäftsleitung sollte in besonderem Maße bereit sein, auch von den jüngeren Mitarbeitern zu lernen. Mit dieser Interaktion wird der Weg des Unternehmens auch für die Zukunft gesichert sein.

Die besten Farben zur Aktivierung des Reichtums sind Blau- und Grüntöne. Sie haben aber selbstverständlich die Freiheit, Ihre Reichtumszone so zu gestalten, wie es Ihrem Gefühl, der Mode und Ihrem Firmencharakter entspricht. Wer noch mehr für den Reichtum tun möchte, sollte sich zunächst umsehen, mit was für Zahlen er sich umgibt. Je öfter Zahlen geschrieben, ausgesprochen oder gedacht werden, umso größer ist ihre Bedeutung. Endet Ihre Kontonummer mit einer Vier? Dann sollten Sie schnell das Konto ändern, sonst könnte es zu finanziellen Engpässen kommen. Besser ist es, die Acht als letzte Zahl stehen zu haben, u. a. bei der Konto-, Telefon- oder Hausnummer sowie bei dem Autokennzeichen, um das Glück mit ihr anzuziehen.

Lesen Sie nachfolgend, was es mit der Acht auf sich hat.

Die Glückszahl 8

Zahlen sind kein Zufallsprodukt, wenn auch manche sie so behandeln. Zahlen sind eine Form von Energie. Man kann sie in Buchstaben oder gar Noten umwandeln und sie sogar hörbar machen. Zahlen sind mit einer besonderen Magie ausgestattet. Heute werden Autotypen mit Zahlen versehen oder Lautsprecher und andere technische Geräte bekommen sie. Aber auch die Kontonummer, Auto-, Telefon und Hausnummer hat eine fühlbare Wirkung, wenn man sie ausspricht. Zahlen bestimmen den Alltag, in dem man sich am Datum und an der Uhrzeit orientiert. So ist es nicht verwunderlich, dass seit Jahrtausenden Zahlen eine immense Bedeutung haben. Schließlich spielen sie beim Rechnen und vor allem beim Bezahlen eine Rolle.

In Kanada und Hongkong beispielsweise werden für viel Geld günstige Hausnummern ergattert, um das Glück auf seiner Seite zu wissen – und in eine Hausnummer 4 zieht man schon gar nicht ein. Die Nummer 8 hingegen verheißt viel Erfolg, und dreimal acht ist sensationell! Dass Zahlen einen teuer zu stehen kommen können, erfahren tagtäglich Geschäftsleute in Hongkong, Singapur oder Malaysia. Für fünfstellige Beträge kaufen sie sich ihre Hausnummern wie 8, 88, 888, 9, 99, 999 oder Kombinationen daraus. Das ist nicht verwunderlich, denn die Acht bringt Erfolg und die Neun Glück ins Haus. Wer allerdings eine Kontonummer mit einer Vier am Ende hat, wird sich schwertun, Reichtum aufzubauen. Auch die Vier in der Telefonnummer ist nicht glückverheißend. Sie bedeutet bei den Chinesen Tod, weil sie ausgesprochen genauso klingt wie das Wort Tod. In Europa bedeutet die Vier Meinungsverschiedenheit und harte Arbeit. Beides ist für das Konto wie für die Geschäftsadresse ungünstig. Wer Glück und Erfolg anziehen möchte, wird sich in erster Linie der Acht bedienen. Bei den Chinesen klingt die Acht in der Tat wie das Wort für Wachstum und Wohlstand. Achten Sie darauf, dass vor der Acht eine zweite glückverheißende Zahl auftaucht. Diese kann die 1, 6, 7, 8 oder 9 sein.

Wenn Sie am Anfang irgendeiner Zahlungskombination eine Vier haben sollten, so ist dies nicht entscheidend. Das Ende der Zahlenreihe hat eine größere Bedeutung. Die letzte Zahl in der Reihe kann das ungünstige Schicksal in ein besseres wandeln oder umgekehrt. In meinem Buch »Geheimsymbolik des Feng-Shui« bin ich darauf näher eingegangen. Im Chinesischen liest man die Bedeutung der Zahlen der Reihe nach.

Die Zahl 788 bedeutet zum Beispiel, dass es sicher (7) ist, erfolgreich (8) zu sein. Oder die Zahl 244 sagt, dass es leicht (2) ist zu sterben (4). Während die Zahl 73 vermittelt, dass es sicher (7) ist zu leben (3). Noch einige weitere Zahlen: 58 (Erlangung von Reichtum), 11 (viel Glück), 15 (vollkommene Harmonie, die zu Reichtum führt), 10 (sehr sichere Vollkommenheit), 75 (Vollendung) oder 66 (vergangener Reichtum). Die 9 ist in der chinesischen Astrologie der Fliegenden Sterne die Zahl der Epoche von 2023 bis 2043, also für die Zukunft vorgesehen. Deshalb wird ihr Stärke zugemessen, denn sie entwickelt sich noch und ist erst am Beginn. Die Zahl 6 hingegen gehört zu einer alten Zeitperiode, der Zeit von 1963 bis 1983. Da die Zeit vorbei ist, ist auch ihre Kraft verbraucht.

Schätzen Sie mit diesen Informationen Ihre Hausnummer, Ihre Konto- und Autonummer ein. Sie werden erstaunliche Feststellungen machen. Durch zwei teilbare Zahlen sind von der Qualität her Yin. Dies sind 2, 4, 6 und 8. Unteilbare Zahlen sind Yang-Zahlen. Yin-Zahlen sind schwach, da teilbar. Yang-Zahlen sind stark, weil sie unteilbar sind. Für geschäftliche Zwecke sucht man sich deshalb möglichst starke Zahlen aus wie 18, 55, 58, 89, 98 oder 95.

Selbst Ihre Autonummer sollte günstig sein, genauso die geschäftliche Telefonnummer und die Nummer des Tresorfaches in der Bank. So werden Sie zu einem Magneten des Glücks und ziehen die günstigen, erfolgverheißenden Zahlen an. Je öfter Sie sich mit den Zahlen umgeben, diese aussprechen oder schreiben, umso eher wird sich deren Wirkung in Ihrem Leben entfalten.

Eine meiner Klientinnen hatte drei Konten, eines mit der Endziffer Vier. Ich vermutete, dass sie auf diesem wohl immer einen Überziehungskredit nötig hätte. Sie bejahte, und wir sahen uns gemeinsam die Telefonnummer ihres Geschäftes an. Diese lautete: 222899. Eine wahrlich phantastische Zahlenkombination, die besagt, dass es leicht sein wird, zu Erfolg und Glück zu kommen.

Probieren Sie es aus. Das Leben kann wesentlich geneigter werden, wenn Sie die richtigen Zahlen um sich herum haben, sind Zahlen doch Schwingungen, Töne und diese Musik! Wählen Sie statt Missklang Harmonie um sich herum. Und was Sie dann auch beginnen, es gelingt Ihnen leichter.

In Hongkong heißt eine Firma Investment Group 88. *Sie hat damit die Acht als Erfolgsmagnet auf dem Banner der Firma!*

Ihre Einstellung zu Geld

Wie gehen Sie mit Geld um? Meine Tochter verteilt das Kleingeld in ihrem Zimmer, in der Kleidung oder in Taschen. Es ist überall, nur nicht da, wo es sein sollte. Sie achtet Geld nicht und gibt es so schnell wie möglich wieder aus. Man könnte geradezu meinen, dass sie Geld hasst. Jetzt möchte sie sich selbstständig machen und eine eigene Praxis eröffnen. Aus diesem Grund war es notwendig, mit ihr zu einer

Geldberatung zu Frau Müller nach Wiesbaden zu gehen. Die Psychologin und Geldberaterin holt die möglichen Ursachen eines Fehlumgangs mit Geld ans Licht und schafft es, neue Programme im Umgang mit Geld zu »installieren«, vornehmlich auf der Festplatte Gehirn. Erst dann kann der Klient seinen Businessplan erstellen und noch alles erlernen, was er benötigt, um starten zu können.

Welchen Wert hat diese Energie für Sie? Knüllen Sie die Scheine einfach in Ihrem Portemonnaie zusammen? Geld ist Energie! Mit dieser Energie können Sie sich Wünsche, Träume und Ziele erfüllen. Wenn Sie wenig Energie im Portemonnaie haben, so werden Sie sich schwertun und sich selbst blockieren. Egal wie wenig Geld Sie bisher hatten, es ist nur eine Frage, welchen Stellenwert Sie Geld geben wollen – und bedenken Sie dabei, dass Geld Energie ist, mit der Sie viel Gutes tun und erreichen können.

Der Feng-Shui-Geldtipp:

Legen Sie eine Feng-Shui-Geldmünze[6] zu den Münzen in Ihr Portemonnaie. In der Tat, Ihr Kleingeld wird sich mehren!

Als Nächstes kaufen Sie sich einen kleinen roten Geldumschlag. Dort hinein legen Sie einen größeren Geldschein. Dieser kommt zu dem Papiergeld in Ihrem Portemonnaie. Rot ist die Farbe des Glücks, und wenn Sie einmal meinen, kein Geld mehr zu haben, so haben Sie Glück, denn in Ihrem Umschlag befindet sich gottlob noch Geld! Ich freue mich persönlich jedes Mal darüber und fühle mich reich, denn ich habe ja immer Reservegeld bei mir! Eine Klientin von mir sagte dazu: »Man kann doch nicht so viel Geld mit sich herumtragen!« Ist es nicht gerade diese Einstellung, die verhindert, dass das Geld bei Ihnen im Fluss sein kann? Wie viel Geld Sie bei sich tragen, liegt in Ihrem Ermessen, aber Sie sollten sich gut fühlen und nicht bei jeder Kleinigkeit eine Kreditkarte einsetzen.

6) Zu beziehen beispielsweise über www.moogk-design.de

Ihre Empfindungen

Gefühle sind Energien, und welche Gefühle hegen Sie dem lieben Geld gegenüber? Macht es Ihnen Freude? Verleiht es Ihnen Behaglichkeit? Oder kommen Gefühle wie Angst über Sie? Wenn Sie keine angenehmen Gefühle der Energie des Geldes gegenüber hegen, so will es auch nicht zu Ihnen kommen. Ganz einfach!

Annehmen können

Meine Tochter Salima ist Physiotherapeutin, und wann immer ihre Patienten ihr etwas für ihre Zusatzleistungen geben wollen, so sagt sie: »Nein, das ist nicht nötig. Lassen Sie nur.« Sie lernt gerade den Umgang mit dem Prinzip des Annehmens, wobei immer der eigene Wert entscheidend ist. Wie viel bin ich mir wert? Werden Sie zu einem Geldmagneten – durch Ihre innere Einstellung. Ich sage immer: »Geld kann ich gar nicht genug haben.« Denn mit Hilfe der Energie des Geldes kann ich sehr viel Gutes in der Welt und in meinem Umfeld bewirken.

Üben Sie bei allen Gelegenheiten, das Annehmen zu trainieren. Um noch einmal das Beispiel von weiter oben aufzugreifen: Wenn ich irgendwo gefragt werde, ob ich ein Glas Wasser oder einen Kaffee haben möchte, dann antworte ich: »Wenn es Ihnen nichts ausmacht, hätte ich gern beides, danke!« Viele Menschen lehnen ab, wenn Ihnen Wasser angeboten wird. Aber denken Sie daran: Nicht nur Ihrer Gesundheit zuliebe sollten Sie Wasser trinken, denn Wasser ist im Feng-Shui, wie Sie bereits wissen, »Geldenergie«!

Schulden

Schulden sind schneller gemacht, als einem lieb ist. Ich kenne einen Jungunternehmer, der zuerst Räume anmietete und zwei Inder bei sich anstellte, bevor er sein Business überhaupt richtig ausüben konnte, denn es fehlte ihm das Wissen dazu! Die ersten Aufträge kamen, er konnte die Webseitengestaltung nicht fachkundig ausführen und verlor nicht nur seine Kunden, er zahlte auch noch Geld an seinen Rechtsanwalt, um die Klagen abzuwehren. Der Erfolg blieb in jeder Hinsicht aus.

Wer sich zudem allzu leicht von Internetfirmen und Fernsehshows dazu verleiten lässt, Geld auszugeben, wird dann keines haben, wenn er es am dringendsten braucht. Fragen Sie sich bei jeder Ausgabe, ob es sich um eine Investition oder um eine Ausgabe handelt. Eine Investition wird Früchte tragen, eine Ausgabe ist Geld, das weg ist ...

Schulden zu machen, die Sinn ergeben, wenn Sie ein Auto mit null Prozent finanzieren und steuerlich absetzen können, ist etwas anderes.

Bevor Sie einen Kredit beantragen, holen Sie sich einen unabhängigen Berater ins Haus und prüfen Sie die Angebote, insbesondere das Kleingedruckte. Erstellen Sie in jedem Fall einen Businessplan, wenn Sie einen Neuanfang wagen, als Neustarter erhalten Sie zudem andere Kredite!

Ein Dispokredit kann das Überleben Ihrer Firma in entscheidenden Momenten retten. Beanspruchen sollten Sie diesen aber nur in Ausnahmefällen, da die hohen Zinsen nicht im Verhältnis stehen.

Lernen Sie, Geld in verschiedenen Umschlägen in Ihrem Tresor zurückzulegen, um sich Ihre Wünsche zu erfüllen. Dies ist ein Weg, sich nicht mehr als nötig zu verschulden. Denn das Gefühl, das Schulden hervorrufen, ist alles andere als motivierend. Das Vermeiden von Schulden ist deshalb der erste Schritt. Der zweite Schritt ist die sinnvolle Nutzung von Krediten mit niedrigen Zinsen und Laufzeiten, die Sie bedienen können.

Geiz

Sparsamkeit ist wichtig. Wenn Sparsamkeit allerdings in Geiz übergeht, dann wird der Geldstrom gebremst. Glück in Geldangelegenheiten zu haben, bedeutet auch, gezielt Gutes mit seinem Geld zu machen. Spenden Sie für Bärenherz, Kinder, die im Sterben liegen, oder für Projekte, wo Sie genau wissen, dass das Geld auch dort ankommt, wo Sie es wissen möchten. Ich kenne genügend Menschen, die geizig sind.

Ich bin es gottlob nicht. Ich schenke gern und gerade dort, wo es am dringendsten gebraucht wird.

Geiz ist ein Phänomen, welches darauf abzielt, so viel wie möglich für sich zu behalten. Was hat Geiz mit dem Fluss des Geldes zu tun? Wer so geizig ist, dass er zwar nach Kitzbühel fährt zum Skifahren, sich dann aber wegen des Preises der Skikarte zu Fuß aufmacht, ist in meinen Augen geizig. Wer immer nur wenig, nichts Wirkliches oder gar nichts schenkt, kann kein Magnet für Geld sein. Er versperrt sich dem Fluss des Gebens und Nehmens. Wer gern Latte Macchiato trinkt, aber zu geizig ist, am Rastplatz einen Segafredo zu trinken, weil er das Geld dafür nicht ausgeben möchte, verwehrt sich dem, was er so gern möchte. Wie wertig fühlt er sich? Wie hoch ist sein Aktienwert? Was sind Sie sich wert?

Das Gesetz des Gebens:
Nur wer gibt,
bekommt tausendfach zurück!

Geben ist ein wichtiger Punkt zum Erfolg.

Ich kam gerade von der Beratung eines Steuerberatungsunternehmens, als ich eine Sendung über Peru im Radio hörte. Arno Wielgoss wurde interviewt, und ich hörte wie gebannt zu. Ich gebe gern, aber nur dann, wenn ich weiß, was mit dem Geld passiert. Meine Reise dauerte Stunden, und ich hatte das Glück, die Sendung in einer Wiederholung noch einmal hören zu können. Ich beschloss, Geld spenden zu wollen. Sehen Sie selbst auf der Webseite unter www.frederic-hfp.de, wie hier agiert wird. Der Hintergrund der Gründung des Vereins im Jahr 2000 war ein Unfall des Sohnes beim Baden im Urwald von Urubamba. Seitdem sind Bruder und Eltern mit persönlichem Einsatz dort, um der Bevölkerung zu helfen. Mit wenig Geld und viel Einsatz werden dort wahre Wunder bewirkt.

Ob Sie hier helfen, wie ich es tue, oder sich für eine Familie, Person oder Asylanten entscheiden, die Ihre Hilfe brauchen, denken Sie immer an das Gesetz des Gebens und Nehmens. Wer nicht gerne gibt, hemmt den Fluss der Energie, was sich in verschiedenen Mangelerscheinungen im Leben bemerkbar macht. Dies muss nicht zwangsläufig einen Mangel an Geld bedeuten.

Entscheiden Sie sich ganz bewusst und auch tief in Ihrem Inneren für Geld. Sie selbst bestimmen ja, wofür Sie Ihr Geld ausgeben, welche Richtung es nehmen soll.

Wie Geld zu Ihnen zurückkommt

Vorausgesetzt, Sie sind nicht geizig und beherzigen das Gesetz des Gebens und Nehmens, dann gibt es für Sie hier den universellen Feng-Shui-Tipp für das Weggeben von Geld:

Nehmen Sie den Geldschein so in die Hand, dass Sie die Seite mit der Brücke und dem Wasser sehen. Der Schein liegt quer in Ihrer Hand. Erinnern Sie sich: Wasser ist gleich Geldfluss! Dann sollten Sie die Zahl und die Brücke auf dem Schein ansehen, bevor Sie diesen aus der Hand geben. Sagen Sie nun: »Komme wieder und bringe deine zahlreichen Freunde mit!« Lächeln Sie dazu in sich hinein, und freuen Sie sich darauf, dass das Geld in großer Menge zu Ihnen zurückfließen wird.

Lachen Sie nur, es macht nicht nur Spaß, sondern es lenkt das Bewusstsein direkt auf die Energie des Geldes – und dort, wohin unsere Aufmerksamkeit fließt, entsteht auch Neues!

Reichtum

Reichtum ist ein Gefühl, das sich in Geld, Wohlbefinden, Ruhe und Sorglosigkeit ausdrücken kann. Die Frage ist immer, was Sie sich vom Leben wünschen. Der Erfolg, den Sie mit Ihrem Business haben wollen, dieses Gefühl, reichlich zurückzubekommen und dabei gesund und glücklich zu bleiben, harmonische Beziehungen zu leben, das ist für mich Reichtum. Definieren Sie, was Reichtum für Sie bedeutet, denn an dieser Stelle entscheiden Sie auch, wie viel Sie jemals verdienen wollen!

Reichtum bedeutet auch, annehmen zu können. Wann und wo auch immer Ihnen etwas angeboten wird, nehmen Sie es an! Wie oft erlebe ich, dass ein Glas Wasser oder ein Tee abgelehnt werden. Fragen Sie sich, was Sie sich wert sind. Betrachten Sie sich wie eine Aktie. Wie hoch kann Ihr Wert steigen? Egal welche Ausgangsposition Sie hatten, tragen Sie Vorbilder und Visionen in sich, damit Sie Ihre Ziele definieren und schließlich erfüllen!

Leben Sie in Gedanken der Fülle? Wie oft sehe ich bei Menschen, die sich selbst nicht die Fülle des Lebens gönnen, dass sie ihre Obstschalen in ihrem eigenen Heim nicht gefüllt haben. Zwei, drei Äpfel liegen in der Schale, wenn überhaupt. Das Argument: Das Obst könnte ja schlecht werden! Nun, erstens geben die Früchte ihre Energie an den Raum ab, und Sie haben von ihrer Energie natürlich einen Nutzen. Zweitens fordert eine volle Obstschale Sie auf, Obst zu essen und Ihrer Gesundheit damit etwas Gutes zu tun. Und drittens gibt es bei Orangen eine Besonderheit. Die Orange wird als Gold gesehen, und wer Orangen in der Schale liegen hat, hat somit auch Gold in seiner Schale. Nicht verwunderlich ist daher auch die Tradition, ein Orangenbäumchen mit üppigen Früchten an den Eingang zu stellen, damit Geld und Gold in das Gebäude eingeladen werden ...

SO 4 Holz Grün Finanzen	S 9 Feuer Rot Ruhm	SW 2 Erde Gelb Zusammenarbeit
O 3 Holz Grün Ursprung Firmenleitung	Botschaft/ Nachricht/ Information	W 7 Metall Weiß/Grau/Metallic zukünftige Projekte
NO 8 Erde Gelb Wissen	N 1 Wasser Blau Karriere	NW 6 Metall Weiß/Grau/Metallic Geschäftspartner

Stärken Sie Ihre Geldpunkte

Unabhängig davon, dass es im Master-Feng-Shui nicht um ein allgemeines Feng-Shui geht, da die Geldpunkte vor Ort errechnet und geortet werden, stelle ich Ihnen hier die allgemeingültigen Regeln vor.

Von dem dreibeinigen Frosch haben Sie sicherlich schon gehört. Dieser Geldfrosch wird diagonal zur Tür aufgestellt und soll den Geldsegen anlocken.

Am Eingang lockt Wasser – rechts der Haustür (von außen nach innen gesehen!) – den Reichtum an.

Eine halbrunde Vorfahrt wird wie die Hälfte einer Münze gesehen und bedeutet Reichtum.

Eine lange Auffahrt zum Gebäude steht für einen langen und beständigen Fluss des Geldes.

Grundsätzlich ist Wasser mittig vor dem Eingang ein gutes Zeichen und bringt jede Menge Energie zum Haus.

Achten Sie auf Folgendes: Wer im Südosten einen Kamin haben sollte, bläst den Reichtum zum Schornstein hinaus.

Spiegel gegenüber der Eingangstür schicken die Energie geradewegs wieder hinaus.

Achtung vor wegfließendem Wasser

Da wir von Wasser, der Geldenergie, sprechen, sollte eines klar sein: Es sollte in keinem Fall vom Eingang wegfließen, sondern immer zu diesem zufließen.

In der Nähe von Aschaffenburg gab es ein Gebäude, welches auf einer Anhöhe stand. Ein steiler, gerader Treppenverlauf ging hoch zum Haus. Wie mir meine Klientin erzählte, war der Nachbar, der dort wohnte, ein angesehener Geschäftsmann. Daran hatte ich keinen Zweifel, wohl aber daran, dass dies ewig so sein würde. Denn: Wege und Treppen versinnbildlichen, wie wir schon wissen, den Geldfluss. Eine steile Treppe, die in gerader Linie direkt von der Eingangstür bis zur Gartentür reicht, bedeutet, dass die Energie das Gebäude im Sturzflug verlässt! Es sollte aber sogar noch schlimmer kommen als gedacht. Einige Monate später war ich wieder zu Besuch bei meiner Klientin, um zu schauen, ob sie meine Ratschläge in ihrem Büro und im Haus umgesetzt hatte. Sie hatte und war begeistert über die Ergebnisse! Beim Teetrinken plauderten wir über dies und jenes und sahen gerade, wie der Nachbar nach Hause kam. Da erst sah ich das Desaster: Er hatte sich rechts und links der Treppenanlage einen Wasserfall einbauen lassen. Jetzt floss das Wasser rechts und links des Weges in Strömen den Berg hinab – weg vom Haus! Ich scherzte noch: »Jetzt hat er sein Schicksal bezüglich seines wegfließenden Geldes ja noch beschleunigt, da wäre es kein Wunder, wenn er bald sein Haus verkaufen müsste.« Nun, liebe Leser, es kam schlimmer. Der Mann kam wegen Veruntreuung ins Gefängnis und das Haus unter den Hammer!

Haben Sie also immer genügend Respekt vor weglaufendem Wasser, geraden Stufen und Zuwegen zwischen Haustür und Bürgersteig.

Was zerstreut und vertreibt die Reichtumsenergie?

Stellen Sie sich einen ruhigen See vor und darin das Spiegelbild des Mondes. Ein leichtes Plätschern, eine frische Brise – und das Glück ist zum Greifen nah.

Stellen Sie sich nun das Gegenteil vor: Windräder, Autolärm, Sturm und Tiefflieger stören die Ruhe, stören die Energie des Geldes. Ein Geschäft ohne Haltezonen (Min Tang) und an einer Straße mit stark fließendem Verkehr hat es schwer, Reichtum aufzubauen!

TEIL II:

Praktische Umsetzung und Anwendung für Unternehmen, Büros, Verkaufsräume und Praxen –

Ihr Unternehmen unter der Lupe

Das Firmenschild

Das Firmenschild spielt eine bedeutende Rolle. In jedem Fall muss es von der Qualität her die Firma widerspiegeln. Ein Messingschild ist für Banken genau richtig und für alle, die mit Geld zu tun haben. Messing hat die Qualität der Metallenergie und fördert die Geschäfte. Für Anwälte kann es auch ein Schild aus Leichtmetall sein, da auch dieses das Metallelement verkörpert und zum Beruf des Anwaltes passt.

In einem Fall in München gehörte das Firmengebäude dem Vater, der dort seinen Stammsitz mit einer Firma zur Fertigung von Autoteilen hatte. Der Sohn war ebenfalls im gleichen Gebäude untergebracht und leitete dort seine eigene Firma im Bereich Coaching. Ich wurde beauftragt, für den nicht florierenden Zweig des Sohnes eine Feng-Shui-Beratung zu machen. Als ich vor der Tür stand, war ich entsetzt: Er hatte sein Firmenschild unter dem des Vaters. Das des Vaters war aus Messing und seines war aus weißem Plastik, kleiner und darunter angebracht! Dazu sollten Sie wissen, dass derjenige, der sein

Schild über dem des anderen hat, auch die meiste Aufmerksamkeit und damit Energie erhält! Das größere Schild (Yang) dominiert dazu das kleine Schild (Yin)! In der Tat stellte sich beim nachfolgenden Gespräch heraus, dass es Konflikte zwischen Vater und Sohn gab. Die Lösung war: Zwei Schilder der gleichen Machart (in Messing) nebeneinander zu positionieren!

Sehen Sie das Firmenschild?

Ungünstig und ein Zeichen von einem Mangel ist es, wenn man ein vorhandenes Schild überklebt, wie hier im unteren Teil des Bildes zu sehen.

Bei großen Firmen befindet sich das Schild über dem Eingang oder auf der rechten Seite des Einganges. Beachten Sie auch immer den Blickwinkel, aus dem man das Schild sieht. Beachten Sie dabei auch die Höhe – ist sie gleichermaßen passend für einen Autofahrer oder Fußgänger? Die Augenhöhe ist entscheidend! Nur wenn man von weitem auf das Gebäude zufährt, kann ein Schild auch höher angebracht werden. Im Bildbeispiel steht das Schild links vom Eingang, weil man direkt auf dieses zuläuft. Würde es rechts positioniert sein, könnte man es nicht erkennen. Wir sprechen hier vom Chi-Fluss und damit der Energie der Aufmerksamkeit, der Sie Beachtung schenken sollten.

Auch bewegliche Elemente vor dem Eingang können die Aufmerksamkeit und damit das Chi zum Eingang hinlenken. Je mehr Chi Sie in

Richtung Eingang lenken, umso mehr Energie hat das Unternehmen und damit Macht und Erfolg!

Eine Praxisinhaberin hat beispielsweise ein schönes Schild an der Hauswand zur Straße hin. Der Nachteil ist: Man sieht es nicht im Vorbeifahren, da die Straße eng ist und der Verkehr buchstäblich vorbeirauscht. In diesem Fall ist es besser, ein Schild wie einen Arm an der Hauswand anzubringen.

Eingang und Empfang

Wasserobjekte, Fahnen und Leuchttafeln lenken die Aufmerksamkeit genauso wie eine gute gärtnerische Gestaltung des Zugangsbereiches. Die Energie, das Qi, ist ein universell nutzbarer Faktor, um Ihnen mehr Erfolg zu bescheren!

Und schließlich repräsentiert der Eingang den »Mund des Chi«. Jeder sollte sich willkommen fühlen! Die subliminalen Eindrücke, das, was der Kunde wahrnimmt, gehen über die unbewusste Ebene und steuern sein Kaufverhalten. Kann er den Laden von der Front bis zum rückwärtigen Bereich direkt einsehen, so hindert ihn dies daran, den Laden zu betreten, denn er möchte stöbern, entdecken und sich führen und verführen lassen beim Kauf.

Die Rolle der Formen

Ein quer gestreifter Eingangsläufer symbolisiert: Hier darfst du nicht rein! Bleibe fern! Möchten Sie das? Ein längs gestreifter Läufer leitet die Kunden hinein. Wenn Teppich oder Läufer ausliegen oder auch Bodenmuster Verwendung finden, so stellt sich immer die Frage: Wo lenken sie hin? Etwa gegen eine Wand? Oder führen sie in das Innere? Vergleichen Sie die Wegführung durch den Laden mit einem Spaziergang durch den Wald: Eine lange, gerade Schneise lädt nicht ein, sie einzuschlagen. Ein gewundener Weg allerdings wird gern gegangen, auch wenn man noch nicht weiß, wo er genau hinführen wird. Aber sobald eine Biegung kommt, sind wir neugierig – und ein Strahl Sonne im Geäst in der Ferne nimmt Ihnen die Entscheidung leicht ab, ob Sie die lange Trasse, die ins Dunkle führt, oder den Weg mit der Biegung wählen! Denken Sie daran, dass nichts im Körper wirklich gerade ist und dass nur kurze, gerade Strecken im Körper existieren. Unbewusst gehen wir deshalb lieber gewundene Wege. Im Geschäft ist dies nicht anders.

Mein erster Edeka-Markt bei Darmstadt, den ich nach einer ersten Planung des Architekten auf den Tisch bekam, hatte sich überhaupt nicht an die Qi-Gesetzmäßigkeiten gehalten. Ich plante ihn um, und er ist noch heute ein voller Erfolg und kann sich sehr gut gegenüber seinen Mitbewerbern behaupten! Bereits Mitte der 90er-Jahre wurden die Regalsysteme nach Feng-Shui gestaltet und die Kühltruhen dementsprechend platziert. Damals war es eine absolute Neuerung, die ein Umdenken erforderte. Wie man heute aber noch sieht, hat sich diese Neugestaltung nach Feng-Shui gelohnt.

Supermarkt vor der Renovierung

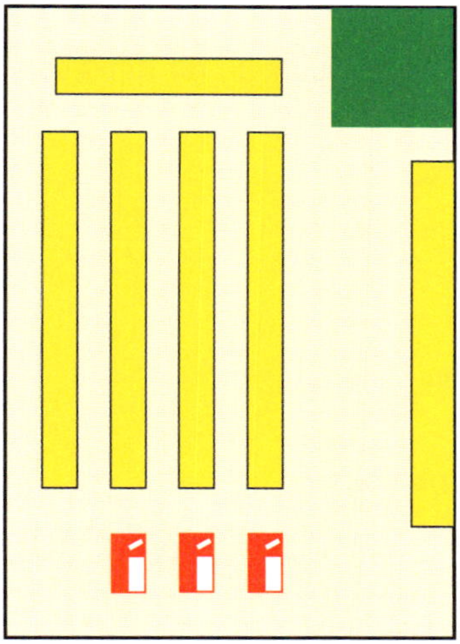

Supermarkt nach der Renovierung

Jahre später, ich hatte bereits viele Edeka-Märkte beraten, kam ich nach Steinfurt. Dort wurde ebenfalls neugeplant, und es gab einige Hürden zu überwinden, um den Markt auf Dauer attraktiv und nachhaltig wettbewerbsfähig zu planen. Dem Eingang kam hierbei eine besondere Aufmerksamkeit zu, bei der das Bauamt mitspielen musste. Die Pächter hatten ihre Sorge, ob dies möglich sei, da man auf dem Bauamt so festgefahren schien. Was glauben Sie? Ich ging mit zum Bauamt, gab vernünftige Gründe an, vermied es, Qi-Faktoren zu erwähnen – mit dem Ergebnis: Der Eingang konnte so gebaut werden, dass die Geschäfte für die Betreiber am vorteilhaftesten unterstützt wurden. Für die Betreiber ein voller Gewinn!

Die Raumtemperatur

Sie muss zum Geschäft passen. Ein Fischhändler hat es prinzipiell kühler. Wenn man im Restaurant sitzt, muss es wärmer sein.

Gerüche im Raum

Sorgen Sie für Frischluft. Der Geruch muss zum Geschäft passend gewählt werden.

Zedernholz ist – neben hellen Lilatönen – günstig für Kunstberatungen.

In Schlössern ist Rosenduft passend.

Materialien

Chrom und Leder im Büro erzeugen Spannungen.

Marmor kühlt die Atmosphäre.

Holz steht für Wachstum, Natur und Wärme.

Wie empfangen Sie?

Wie empfangen Sie Kunden, Geschäftspartner oder Klienten?

Am Eingang zeigt sich das Wesen der Firma. Nach den ersten Wahrnehmungen werden Rückschlüsse auf das Unternehmen gezogen, danach wird es im Vorfeld eingeschätzt.

Ein Schild am Eingang mit dem Text »Wir begrüßen heute Herrn XY« kann Wunder bewirken. Blumen, eine angenehm tönende Klingel und ein ansprechendes Namensschild sind neben einladendem Licht und guten Düften essenziell.

Einladende Achteckformen, die architektonisch gesehen die Arme öffnen, können ein sehr angenehmes Feng-Shui erzeugen.

Wo fällt der erste Blick hin? Auf einen warmen Platz (im Sommer ein kühles Plätzchen) mit schöner Aussicht? Ein Tässchen Tee oder frisch gepresster Gemüse- oder Obstsaft verwöhnen jeden Geschäftskunden.

Angenehme Klänge der Natur, wie Wasserplätschern von einem Springbrunnen oder Vogelgezwitscher vom Band, geben selbst im »harten« Business ein Gefühl des Willkommenseins und der Geborgenheit.

Die Wachstumspotenziale Ihrer Firma fördern

Nutzen Sie das Potenzial der Himmelsrichtung Osten, und lassen Sie nicht nur das Tageslicht ein, sondern stellen Sie auch im Osten Pflanzen, insbesondere Bambuspflanzen, auf. Hier geht es um das Wachstum der Firma. Wenn Sie Ihre Besprechungsräume, die Räumlichkeiten für den Vorstand oder Betriebsrat im Osten der Firma wählen, dann werden die Entscheidungen von Klarheit getragen sein und dem Wachstum der Firma dienen.

Untersuchen Sie auch in Ihrem Arbeitsraum den Bereich Osten. Wie ist er gestaltet? Stehen dort vertrocknete Pflanzen oder überladene Ablagetische? Wie dieser Bereich auch beschaffen sein mag, er ist stellvertretend für das Verhältnis, das man zu seinen Vorgesetzten oder der Führungsetage hat. Strukturieren Sie den Ostbereich klar, entrümpeln Sie ihn gegebenenfalls und beseitigen Sie chronische Unordnung, wenn dies sein muss. So können Unklarheiten, Hinderungsgründe und Blockaden zwischen Ihnen und der Führungsebene oder Ihren unmittelbaren Vorgesetzten behoben werden. Pflanzen und Wasserbrunnen heben das Chi des Ostens an. Wer hier allerdings unerledigte Dinge ansammelt, sollte dafür sorgen, dass er diese so bald wie möglich löst und erledigt. In der Tat belastet all das, was unerledigt ist, und blockiert Energie für das Wesentliche. Ein aufgeräumter Ostbereich trägt dazu bei, dass sich das Verhältnis zum Vorgesetzten entspannt.

Einrichtungsgegenstände, die das Wachstumspotenzial Ihrer Firma steigern

Stellen Sie grundsätzlich frische Pflanzen im Unternehmen auf. Gedeihen die Pflanzen, so werden auch die Geschäfte gedeihen, sagen die Asiaten. Verwenden Sie Pflanzen, die Wachstumskraft haben sowie

gesunde, starke und runde Blätter. Wasserobjekte wie Aquarien und Springbrunnen heben das Wasser-Chi in der Luft an und wirken erfrischend und belebend auf den Geist. Wählen Sie auch Naturbilder, insbesondere die des Frühlings, da sie am besten die Kraft des Ostens ausdrücken. An Wänden, die nach Osten schauen, geben auch Bilder der aufgehenden Sonne Auftrieb und unterstützen die guten Beziehungen zu Ihrem Chef.

Bei der nächsten Dekoration sollten Sie auch an die farbliche Komponente der Himmelsrichtung Osten denken. Streichen Sie beispielsweise die Ostwand in einem Lindgrün, wenn dies zu Ihrer Inneneinrichtung passt. Die grüne Farbe hat das größte Potenzial an Kraft, so wie im Frühling die ergrünende Natur. Bei der Tapetenwahl oder bei Übergardinen sind Längsstreifen und Bambusmotive unterstützend und förderlich.

Wer darüber hinaus ernsthaft seine Wachstumspotenziale fördern möchte, sollte unbedingt eine Berechnung der Energien der Räume vornehmen lassen (Fei-Xing-Pei- und Omen-Berechnungen), um die optimalen Punkte im Unternehmen zu finden, die dann sehr stark wirken werden, wenn man sie mit Feng-Shui-Wissen »behandelt«.

Die Marktführung und das Image Ihres Unternehmens fördern

Richten Sie die südlichen Räumlichkeiten immer hell ein, und verwenden Sie Farbtupfer in Rot: Sessel, Bilder, Buch- und Aktenrücken, Wandfarben oder Teppiche.

Die Südwand ist die »Prestigewand«. All das, was Ihr Unternehmen ruhmreich werden lässt, und all das, was Ihnen Ansehen bringt, sollte im Süden zu sehen sein. Manche hängen Ihre Urkunden dort auf, andere stellen Pokale dorthin und wieder andere glänzen dort durch Visualisierungen Ihrer Ziele.

Ein Brautladen kann beispielsweise mit der glückverheißenden Farbe Rot den Umsatz fördern, indem im Süden des Geschäftes eine Wand in dieser Farbe gestrichen wird. Auch rote Stoffe, Teppiche, rotes Licht oder rote Lampenschirme fördern die Erfolgsaussichten und erhöhen die Umsatzzahlen. Das Maß an Rot ist allerdings entscheidend.

Vermeiden Sie im Süden ein Zuviel an Wasser und setzen Sie lieber auf förderliche Pflanzen. Wer den Firmenerfolg rund um die Welt anstrebt, stellt im Süden seinen Globus auf, den er jeden Tag drehen sollte, wie Feng-Shui-Meister raten.

Sollte die Firmentür nach Süden zeigen, so wäre es von Vorteil, sie in einem Rotton zu streichen. Ist das in Ihrem Fall ganz abwegig, dann wählen Sie stattdessen viel Licht und baden Sie die Tür regelrecht darin.

Wartesessel in einladendem Rot bringen Glück in ein Unternehmen, sagen die Asiaten. Auch der berühmte rote Teppich, der in der Regel nur zu besonderen Anlässen ausgerollt wird, könnte in Ihrem Business als Dauereinrichtung liegen.

Rote Mousepads eignen sich für Menschen, die in den Jahren der Erde und des Feuers geboren wurden.

Da die Zahl Neun mit dem Element Feuer und der Himmelsrichtung Süden verbunden ist, könnte auch die Anzahl von neun Gegenständen im Süden Ihres Unternehmens ruhmbildend wirken. Als ich vor zwei Jahren in Hongkong weilte, war gerade eine Ausstellung im Hyatt Regency. Gekonnt hatte man diese Ausstellung im südlichen Gebäudeteil platziert. Zu sehen waren neun verschiedene, von Künstlern gestaltete Kühe! Sie sorgten in der Tat für viel Aufsehen.

Die Zusammenarbeit fördern

In der Himmelsrichtung Südwesten werden interne, betriebliche Regelungen unterstützt, das Betriebsklima, die Zusammenarbeit und insbesondere das Gleichgewicht der Firma werden hier gefördert. Der Besprechungsraum ist hier sehr gut angesiedelt. Diese Richtung wird auch als der »Weg der Erde« bezeichnet und bedeutet, dass die Menschen lernen sollten, ihre Gaben zu schützen und mit Dankbarkeit entgegenzunehmen. Im Unternehmen bedeutet dies, dass sich die Firmenleitung auch dankbar gegenüber ihren Mitarbeitern zeigen und ihnen Möglichkeiten zur Regeneration ihrer Kräfte bieten sollte.

Schauen Sie sich um! Die Gestaltung der Himmelsrichtung Südwesten innerhalb des Unternehmens und in Ihrem Arbeitsraum spiegelt das persönliche Verhältnis der einzelnen Mitglieder der Firma untereinander. Zwischenmenschliche Beziehungen sind immer ein schwieriger

Balanceakt, und damit dieser gelingt, sollte der Südwesten Festigkeit, Stabilität und räumliche Rückzugsmöglichkeiten bieten. Wenn man sich hier entspannen kann, gesund ernähren oder regenerieren, so ist der erste Schritt zur Förderung einer guten Zusammenarbeit getan.

Jegliche Unordnung, jeglicher Schmutz und Räume, die verwaist oder vollgestellt sind, behindern firmeninterne Angelegenheiten. Das Beste ist, dass, wenn Sie einen Abstellraum in diesem Bereich tatsächlich benötigen, Sie mit Lüftungsschlitzen arbeiten, ihn sauber und aufgeräumt halten und ihn mit Lichtkontakten und einem Klangspiel ausstatten. Wählen Sie gelbe Farbtöne, Terrakottamaterialien, Bilder der Zusammenarbeit und deren Symbolik.

Viele Menschen arbeiten heute schon von zu Hause aus und arbeiten dort zusammen im Bereich Südwesten, im Bereich der *Partnerschaft*. Mitunter können aber geschäftliche und private Einflüsse ineinanderfließen und so auch die Beziehung zum Partner beeinflussen. Andere teilen sich in der Firma einen Arbeitsbereich. Das bedeutet in der Regel, dass man gemeinsam an einem Strang zieht.

Gestalten Sie den Bereich mit Marmor oder Terrakotta. Farben wie Rot, Gelb, Orange, Gelb oder Cremeweiß erhöhen hier die produktive Zusammenarbeit. Bilder mit dem Thema der Partnerschaft von Ländern, Flaggen oder Bilder von Menschen, die sich die Hände reichen, sind hier willkommen.

Vermeiden Sie ein Zuviel an Grün und setzen Sie lieber auf den aufbauenden Zyklus, verwenden Sie Licht und dezentes Rot zur Energieanhebung.

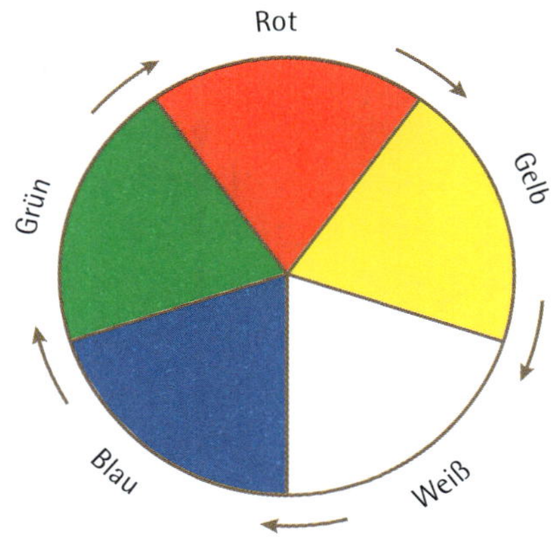

Kreativitätspotenziale wecken

Die Energie, die unsere Kreativität weckt, kommt aus der Himmelrichtung Westen. Sie ist verbunden mit der Jahreszeit Herbst und die Energie ist nach innen gerichtet. Am besten symbolisieren diese Energie: Klangspiele, metallisch glänzende Objekte, Spiralen, Kreise, Kugeln, runde Schalen, die Farben Grau und Silber sowie Weiß.

Warum ist das so? Die Energie der westlichen Himmelsrichtung entspricht dem Weg des Taos, der ganzheitlichen Entwicklung, die Zukunftsperspektiven eröffnet und kreative Prozesse fördert und insbesondere die Jugendlichen in ihrem Wirken unterstützt. Kreativitätspotenziale können Sie fördern, indem Sie Weiß-, Beige- und Gelbtöne in die Räumlichkeiten bringen. Sie stimmen heiter und erzeugen ein Gefühl von Weite und Ausdehnung.

Die Weisen studierten das Zusammenspiel von Farben und Formen auf den Menschen. In der Tat wirkt Feng-Shui im Sinne der Raumpsychologie. Wer kreative Ideen sprudeln lassen möchte, braucht Platz, frische Luft und Bewegungsspielraum. Runde Formen wie Kugeln als Objekte aus Metall oder Keramik, selbst runde Tischformen stellen

eine Energieform dar, die es leichter macht, kreativ und schöpferisch zu sein. Gestalten Sie Ihren individuellen Kreativitätsbereich, auch wenn dieser nicht in der westlichen Himmelsrichtung liegen sollte, entsprechend stimulierend.

Alles, was eintönig und monoton ist, wird Ihr eigenes und das Potenzial der Firma auf Dauer beeinträchtigen können. Ich empfehle Ihnen, beispielsweise die Westwand zu nutzen, um Ihre Zukunftsprojekte sichtbar zu machen. Wasserobjekte, junge Bildinhalte und zukunftsweisende Slogans, Darstellungen von drehenden Rädern und metallische, mobile Teile sind hier ebenfalls unterstützend. Werbeplakate mit der Aufschrift »Wir gestalten die Zukunft« oder »Mit uns macht Reisen Spaß« sind ebenso denkbar.

Wer die Energie des Westens speziell nutzen möchte, könnte hier einen »Meeting Point« oder einen Raum für das Marketing integrieren, um die schnelle, sich drehende Energie, die auch Einfälle begünstigt, aufzunehmen.

»Verstaubte Hüte« hindern den Fluss der Energie. Der Kreativitätsbereich benötigt Platz, glatte, runde und glänzende Oberflächen, Weiß, Grau, Gelb- und Beigetöne.

Wer die Zukunft vor Augen hat, muss die Zeit im Griff haben. Deshalb ist eine Uhr an der Westwand mitunter unerlässlich.

Um an den gewünschten Erfolg zu kommen sowie um Ihr Zeitmanagement in den Griff zu bekommen, gibt es einige gewinnbringende und zielsichere Möglichkeiten, von denen ich Ihnen an dieser Stelle einige aufführen möchte:

- Nutzen Sie am besten die Zeit der Autofahrt, um wichtige Informationskassetten zu hören.
- Tragen Sie stets einen Notizblock oder kleinen Computer für Gedanken und Einfälle bei sich.
- Schreiben Sie alle anfallenden Arbeiten auf und notieren Sie die Reihenfolge. Bestimmen Sie sodann, wer Ihnen davon welche Arbeiten abnehmen kann.
- Vermeiden Sie Leute, die Ihre Zeit vergeuden.
- Verbinden Sie Ihre Lunchzeit mit konstruktivem Zusammensein.
- In der Regel sind Sie am Morgen am leistungsfähigsten, gerade dann, wenn Sie zum Frühstück Frischkornbrei gegessen haben, der nicht nur lange vor-, sondern auch hellwach hält durch seinen hohen Grad an Mineralstoffen.

Zusätzlich sind jede Art von Spiel, Spaß und kreativem Interieur willkommen, um die Firmenziele mit Leichtigkeit zu erreichen.

Der Bereich der Projekte wird maßgeblich davon beeinflusst, wie viel Spielraum sich die Geschäftsleitung selbst und Ihren jungen Mitarbeitern einräumt. Alles, was dort an Antiquitäten stehen sollte oder an alten Akten, sollte einen neuen Platz finden, denn der Bereich der Projekte und zukünftigen Ereignisse sollte nicht belastet werden mit Dingen der Vergangenheit.

Das, was Sie in Zukunft erzielen möchten,
sollten Sie auch im Westen des Unternehmens
sichtbar in Erscheinung treten lassen.

Gehen Sie mit der Zeit. Wer noch immer seine Osterdekoration oder die des Vorgängers im Büro hängen hat, sollte sich Gedanken machen, ob er up to date ist.

Wechselrahmen für Bilder lassen nicht nur Veränderungen, sondern auch die Möglichkeit zu, die Bildinhalte der Jahreszeit und der Stimmung entsprechend auszuwechseln. Nutzen Sie die westlichen Räume oder die westliche Wand, um kreative Ideen umzusetzen.

Gute Gelegenheiten und Unterstützungen magnetisch anziehen

Die Himmelsrichtung Nordwesten ist mit den Freunden, Helfern und Mentoren belegt. Die Grundinformation, die hier dahintersteht, ist, den »Weg des Himmels« zu gehen, was bedeutet, einen Glauben an eine höhere Kraft und Führung zu entwickeln. Möchten Sie Unterstützung in Ihrem beruflichen Fortkommen, aber auch für die Firmenleitung erreichen, so sehen die Maßnahmen ähnlich aus wie bei der Himmelsrichtung Westen – mit dem Unterschied, dass die Materialien kunstvoller, vollendeter, einprägsamer und schwerer gewählt werden sollten, denn die Beständigkeit und Dauerhaftigkeit dieser Gegenstände werden assoziiert mit der Dauerhaftigkeit und Beständigkeit des Unternehmens.

Alles, was am Verwesen, Verblühen und Abbröckeln sein sollte, bedeutet im übertragenen Sinne, dass auch die Hilfe von außen und der Kontakt zu den Geschäftspartnern »abbröckeln« könnte – dies erst recht dann, wenn sich der desolate Bereich im Nordwesten befindet. Metallklangspiele und schöne Klänge »rufen« potenzielle Geschäftspartner.

Skulpturen aus gebürstetem Metall, große Kugeln, runde Konferenztische, Teppiche oder sogar solche Gebäudeteile fördern die Unterstützung, die aus dem Nordwesten kommt. Es wird auf diese Art Resonanz erzeugt zwischen dem von Menschenhand geschaffenen Umfeld und der Himmelsrichtung.

Überprüfen Sie den Nordwestbereich Ihrer Arbeitsstätte. Dort sollten Klarheit und Ordnung herrschen. Die besten Farben sind: Weiß, Grau, Gold und Silber. Hängen Sie an der Nordwestwand beispielsweise Bilder auf, die ein gutes menschliches Miteinander zeigen. Edle Gegenstände aus Metall, wie versilberte Vasen oder Messinggegenstände, sind hier willkommen.

Auch Gegenstände, die Sie von anderen erhalten haben, die Sie wohlwollend bedacht haben, sind hier ausgezeichnet platziert.

Für die Fenster eignen sich Kristallkugeln, die das Sonnenlicht reflektieren.

In Asien verwenden Geschäftsleute schwere Glocken auf dem Sideboard oder Klangspiele mit sechs Röhren, um durch ein gutes Interieurdesign den Nordwestsektor ihres Unternehmens zu stärken.

Der Nordwesten lässt sich auch sehr gut als Besprechungsbereich nutzen, oder Sie platzieren hier Telefon und Faxgeräte, die für Kommunikation zu den Mitmenschen stehen.

So eingeklinkt in die Energieform der nordwestlichen Himmelsrichtung, werden Sie gute geschäftliche Möglichkeiten anziehen und entsprechende Verbindungen aufbauen.

Erfolgreich arbeiten im Büro

Beginnen Sie am Eingang. Ist er leicht zu finden? Sind der Name der Straße und die Hausnummer günstig für Ihr Unternehmen? Das Büro in einer »Goldgasse« zu haben, ist von vornherein günstig, die Hausnummern 1, 2, 3, 8 oder 9 ebenso. Wie ist die Parkplatzsituation? Findet man Sie leicht, oder hat das Chi es schwer, zu Ihnen zu kommen?

Richten Sie sich zunächst hell ein, mit lichten Farben und schönen Formen, die der Seele schmeicheln. Die der Tür gegenüberliegende Wand sollte in jedem Fall einen Eyecatcher bekommen, einen roten Punkt oder ein schönes Bild, Blumen oder eine Skulptur, die lebensbejahend, ja geradezu aufbauend wirkt.

Schaffen Sie eine natürliche Umgebung mit Wasser und Pflanzen und verwenden Sie traditionelle Reichtumssymbole. Dazu gehören auch der Jade- und der Geldbaum, die im Südosten des Büros stehen sollten. Symbole des Reichtums sind auch glänzende, metallische Objekte und Formen und Betonungen der Vertikalen, die Wachstum und Gedeihen verheißen. Vermeiden Sie Glastische, damit die Arbeit nicht auf den Oberschenkeln lastet und Knieprobleme hervorruft. Besser sind stabile Tische und keinesfalls diejenigen, die wackeln. Ich habe einmal einen Unternehmer beraten, der an einem schiefen Tisch arbeitete. Er hatte den Tisch selbst gebaut und war mächtig stolz darauf. Er war Modellbauer, und alles lief schief bei ihm. Sehen Sie die Parallelen? Wer sich neu einrichtet oder auch sein Büro überprüft, sollte auf spitze Kanten verzichten, für die Tischplatte Feng-Shui-Maße mit einbeziehen und jedweden Krimskrams vom Tisch fegen. So entsteht eine vorwiegend von Yang geprägte Umgebung, und diese fördert Ehrgeiz und Erfolg, wirkt lebendig und kraftspendend.

Dennoch ist das Feng-Shui-Wissen weitaus umfangreicher und nicht nur auf diese Hauptmerkmale zu reduzieren. Es gilt, mehr zu tun und die Büros unter die Lupe zu nehmen. Büros können wie Zwangsjacken sein, die Kommunikation und die Kreativität ersticken. Damit dies nicht so ist, setzt Feng-Shui ganz bewusst Farben, Formen und Materialien ein, um Raum und Mensch in das richtige Verhältnis zueinander zu setzen. Das Ziel jedweder Bemühungen ist die Schaffung eines optimalen Arbeitsklimas. Winston Churchill sagte einmal: »Wir gestalten unsere Räume, hinterher gestalten sie uns.« Ohne Frage hatte er recht. Die Lage, die Form und die Ausrichtung zum natürlichen Tageslicht schaffen Gefühle im Raum, die nicht verdrängt werden können, aber dennoch wirken. Der Arbeitsplatz ist ein Teil unseres Lebens, verbringen wir doch hier nahezu ein Drittel unseres Lebens. Liegt es da nicht nahe, ihn so optimal wie möglich zu gestalten und Wind und Wasser ins richtige Verhältnis zueinander zu setzen? Wer meint, dass Stress allein von seinen Kollegen oder Mitarbeitern hervorgerufen wird, könnte irren. Denn Stress im Büro wird auch durch scharfe Ecken und Kanten hervorgerufen sowie durch lange, dunkle Flure. Wer Stress hat, schiebt allzu gern die Ursache auf andere. Den

Frust bekommen dann sie oder die armen Fotokopierer oder Computer ab. Die gesunkene Energie in Räumen ist dann auch ein Grund für Misserfolg. Ob schlechte Gewohnheiten oder ein schlechtes Feng-Shui, lassen Sie uns bei Letzterem beginnen, um Stress im Büro erfolgreich den Kampf anzusagen, und ändern Sie, wo nötig, Ihre Gewohnheiten. Lassen Sie uns mit einigen Überlegungen beginnen, um den Mosaikstein Ihres Erfolges zu schleifen.

Die Lage

Ein Bürokomplex kann sehr gut in zweiter Reihe oder ganz und gar außerhalb der City liegen. Achten Sie darauf, dass sich der Baukörper harmonisch in die Landschaft einfügt und sich farblich der Umgebung anpasst. Ein rotes und ein gelbes Haus passen zueinander oder ein weißes und ein blaues und so weiter. Sehen Sie im Kreislauf der Farben, welche zueinander passen. Ein rotes und ein blaues Gebäude nebeneinander sprechen die Sprache der Disharmonie.

Disharmonie

Harmonie

Der Eingang

Überprüfen Sie, ob der Eingang frei zirkulierendes Chi zulassen kann und ob genügend harmonische Eindrücke entstehen. Eine Straße, die direkt auf den Eingang zuführt, lenken Sie am besten durch mäandernde Formen ab. So erreichen Sie ein angenehmes Durchfluten des Firmengebäudes. Liegt der Eingang an einer stark befahrenen Straße, so wird das Chi aggressiver Natur sein – umso aggressiver, je stärker der Verkehr und je breiter die Straße ist, auf der er fließt. Diese aggressive Note kann zu Turbulenzen im Inneren des Gebäudes führen und die Konzentration der dort Arbeitenden stören.

Wer Turbulenzen dieser Art vermeiden möchte, stellt Pflanzen oder Skulpturen vor die Tür.

Die rechte Seite des Eingangs, die Yang-Seite, wird als Drachenseite bezeichnet. Sie sollte prächtig aussehen, denn sie unterstützt den guten Geschäftsverlauf. Wasser, hohe Pflanzen und Licht aktivieren die Geschäfte auf der Yang-Seite.

Auf der linken Seite des Eingangs sollten niedrige Pflanzenbehältnisse stehen mit weichem Charakter und großen, runden Blättern. Diese Seite wird als Tiger- und Yin-Seite bezeichnet.

Das Firmenschild

Ist das Firmenschild gut sichtbar bei Tag und Nacht, dann steht es mit dem Feng-Shui der Firma sehr günstig und Ihren Aufstiegschancen steht wenig entgegen. Bei senkrecht angeordneten Schildern muss die Schrift von unten nach oben lesbar sein.

Einladende Eingangssignale

Einladende Eingangssignale sind weiche Formen, Licht, Bilder und Wasser.

Abweisende Eingangssignale

Wer in einer Firma arbeitet, die schon am Eingang Verfallserscheinungen aufweist oder wo aggressive Gebäudespitzen auf den Eintretenden weisen, wird wenig Glück in dieser Firma haben. Sollte die Eingangstür gar von einem Überbau erdrückt werden, so wird in dieser Firma auch viel Druck auf die Angestellten ausgeübt werden.

Der Empfang

Wenn es einen Empfang gibt, so sollte er natürlich *willkommen heißend* sein. Am besten befindet er sich nicht in direkter Linie dem

Eingang gegenüber. Leicht versetzt ist das Chi der Tür weniger aggressiv in Bezug zum Empfangsbereich. Dadurch sind die Empfangsdamen und -herren bei besserer Laune und Gesundheit! Der Eintretende fühlt sich ebenso wohler, wenn er nicht in gerader Linie auf zwei oder mehr Augenpaare zuläuft, ohne ausweichen zu können.

Wer Empfang und Telefonvermittlung hat, sollte darauf achten, dass jeweils eine Person für den entsprechenden Bereich der Ansprechpartner ist, damit der Besucher nicht unnötig warten muss.

Die Anordnung von Türen und Fenstern

Energie drückt sich nicht nur in Wohlbefinden aus, Energie ist auch ein Gewinn an Prestige, Erfolg, Potenzialen für Wachstum und Geld. Wenn Sie aber das in den Raum eintretende Chi gleich wieder durch das Fenster entlassen, werden Sie es schwer haben, den gewünschten Erfolg auf der ganzen Linie zu halten. Wenn Sie es nicht vermeiden können, dass der Tür in direkter Linie ein Fenster gegenüberliegt, so können Sie Chilines verwenden, um die Energie daran zu hindern, den Raum auf direktem Weg zu verlassen. Diese sind neben der Aufstellung von großen Pflanzen im Office die beste Möglichkeit, die Energie und damit das Chi im Raum zu halten. Sie profitieren sofort von diesem *Mehr* an Chi!

Der Wartebereich

Der nächste Blick gilt dem Wartebereich. Sollten Sie einen solchen in Ihrer Firma haben, so sollte er ein *Xue* bilden. Das heißt, dass sich idealerweise rechts vom Eingang eine Warteinsel befindet, die dem Wartenden einen Blick zur Tür und einen guten Rückenschutz bietet, damit sich der Gast besonders umsorgt und berücksichtigt fühlt.

Tee, Wasser, Kaffee, Blumen und Springbrunnen signalisieren dem wartenden Gast ein Willkommen. Sind die Stühle oder Sessel bequem gepolstert, farblich auf die Branche und Himmelsrichtung

abgestimmt, so wird das Wohlbefinden noch weiter gesteigert. Dabei kommt auch Bildern aus der Natur oder von sehr guten Künstlern eine große Rolle zu.

Wenn Sie das Wohlfühlgefühl steigern wollen, so können Sie auch Naturbilder wählen. Vermeiden Sie aus Feng-Shui-Sicht auf alle Fälle Plastikstühle oder wacklige Sitztrophäen. Am besten sorgt man für seine Kunden, wenn Sie sich in weiche, gepolsterte Sitzsessel fallen lassen können. Je angenehmer der erste Eindruck, umso günstiger ist dies für den Ruf der Firma!

Es empfiehlt sich, Tee, Wasser, Kaffee, Tageszeitung und Zeitschriften für die Wartenden parat zu halten. Dies wirkt ebenso einladend wie willkommen heißend. Am besten sind natürlich branchenbezogene Informationen und auch Darstellungen des Unternehmens mit seiner Philosophie. Künstler- oder Natur- und Wasserbilder an den Wänden sollen dem Gast Stress nehmen und ihn beruhigen. Stellen Sie beispielsweise eine Schale mit Handschmeichlern auf. Das sind kleine

Steine vom Fluss oder Halbedelsteine, die gut in der Hand liegen. Legen Sie auch einmal verschiedenfarbigen Therapiekitt bereit, um den Händen Freude zu bereiten. Es gibt vielfältige Varianten, wie man Wartenden, die sich in einer Yin- oder Ruhehaltung befinden, einen Ausgleich bieten kann. Die Bewegung, aus der der Eintretende kommt, ist das Yang. Soll er plötzlich zur Ruhe kommen, so wird dies nicht ohne Weiteres möglich sein. Er muss sozusagen zunächst einmal herunterschalten. Am besten gelingt dies, indem er kleine Bewegungsangebote annimmt und so langsam um- und abschalten kann, um sich auf die Aufgabe zu konzentrieren, die vor ihm liegt. Ich habe speziell für den Wartebereich eine CD erstellen lassen mit Naturgeräuschen, mit Vögeln und Wasserplätschern.

Niedrige Deckenhöhe

Ist die Decke zu niedrig, so kann ein heller Lackanstrich an der Decke dies ausgleichen, um mehr Höhe zu erzeugen. Dazu kommen Deckenfluter, die die Decke anleuchten.

Treppen

Weisen Treppe direkt auf eine Ausgangs- oder Eingangstür, so sollten Sie achtsam sein. Die Chinesen sagen, dass das Geld dann auch schneller aus dem Gebäude entweichen kann. Wer dem vorbeugen möchte, sollte zwischen der letzten Stufe und dem Eingang ein Klangspiel aufhängen oder eine große Kristallkugel.

Am besten vermeiden Sie es von Anfang an, Wendeltreppen in das Gebäude zu integrieren. Sie wirken wie Korkenzieher, bilden Löcher in der Decke und gelten als gefährlich. In der Tat, sie wirken unsicher auf den Benutzer. Wer schon einmal etwas auf einer Wendeltreppe nach oben transportieren musste respektive nach unten, der weiß, wie beschwerlich und unsicher sich das anfühlt.

Die Büroatmosphäre

Klimaanlagen sind nicht dasselbe wie Lüften, denn diese Anlagen sind oft reine Bakterienschleudern, die die Büroangestellten krank machen. Neben dem Lüften sind gesunde Zimmerpflanzen ideal, denn sie reinigen die Luft. Die Firma Art Aqua in Bietigheim-Bissingen bietet beispielsweise wunderbare Pflanzarrangements. Wer möchte, kann einen Pflegeauftrag mit der Firma aushandeln.

Der Energiespot

Haben Sie schon einmal etwas von einem Energiespot gehört? Dieser Punkt befindet sich oft in der Diagonalen des Raumes. Öffnen Sie die Tür und schauen Sie, wohin Ihre Aufmerksamkeit zuerst fällt. In der Regel werden Sie die Beobachtung machen, dass Sie in die erwähnte Diagonale des Raumes schauen.

Der Energiespot ist der Punkt, auf den Ihre Aufmerksamkeit beim Eintreten fällt. Ist dieser Punkt stark gestaltet, dann lebt der Raum von hier aus auf. Idealerweise könnten sich hier ein Lichtpunkt, eine Pflanzinsel, der Empfang, ein Aquarium, ein Springbrunnen oder mehrere dieser Dinge an einem Punkt vereint befinden.

Fällt die Aufmerksamkeit, vielleicht aufgrund der Nähe zu einer Wand, zunächst in die Blickgerade, dann sollte dort ein schönes Bild oder eine Wandmalerei den Energiespotpunkt unterstreichen. Achten Sie darauf, dass das Bild mittig zum Türrahmen hängt, um die Sinne des Eintretenden nicht zu verwirren.

Optimale Raumplanung

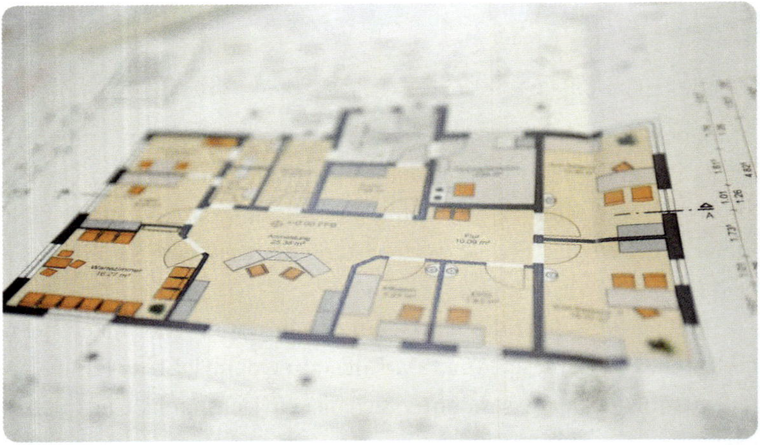

Dass sich Lage, Umfeld und Gestaltung des Arbeitsraumes auf die Leistungen auswirken können, liegt nahe. Im holistischen Denken von Feng-Shui kann man nur anraten, sich mit den Kräften des Himmels – den Himmelsrichtungen – in Einklang zu bringen. Jeder hat entsprechend seines Geburtsjahres Richtungen, die ihm Kraft bringen oder ihm diese entziehen. Spontan würden Sie sich immer das Büro aussuchen, das in Ihrer besten Himmelsrichtung liegt. Nutzen Sie günstige Richtungen für Sitz- und Blickpositionen, denn so ist es möglich, die Arbeitsleistung und die Kreativität zu steigern und lustvoller an die Arbeit zu gehen.

Ich kam mit meiner Beratungstätigkeit in eine Zahnarztpraxis nach Bergisch-Gladbach. Die Ärztin sagte mir, dass sie sich in den Rohbau gestellt und ganz genau ihren Raum gefühlt hätte. Aber den Raum, den sie als besonders empfunden hatte, bekam sie nicht. Ihr Mann und der Architekt hatten ein anderes Konzept. Sie stellte ihre Gefühle hintan. Das Fazit war, dass sie gar nicht gern in ihrem Raum war und die Arbeitsstunden dort auf das Allernötigste beschränkte. Das brachte ihr zunehmend mehr Frust ein. Als wir gemeinsam ihre Ming-Kwa-Zahl betrachteten, war klar, dass der Raum, den sie sich zuerst, ganz spontan, erwählt hatte, auch in der Tat der richtige Raum für sie war. In diesem fühlte sie sich auch richtig wohl, und den meisten geht es dann wie ihr, dass sie gern noch ein Stündchen länger dort verweilen, weil der Raum ihnen gute Energie vermittelt.

Ist Ihre Ming-Kwa-Zahl 1, 3, 4 oder 9, sind Ihre besten Räume im Osten, Südosten, Norden oder Süden.

Ist Ihre Ming-Kwa-Zahl 2, 6, 7 oder 8, sind Ihre besten Räume im Südwesten, Nordosten, Nordwesten und Westen

Wenn Sie im Raum sitzen, so sollte auch Ihr Blick in eine Ihrer günstigen Richtungen gerichtet sein. So gehen Sie sicher, dass Sie viel Energie zum Arbeiten auf Ihrer Seite haben!

Grundlegendes und nützliche Tipps

Energiefluss

Energie möchte ungehindert fließen und Sie unablässig nähren. Deshalb überprüfen Sie, ob Sie überall ungehindert vorbeilaufen können. Oder würden Sie hängen bleiben, wenn Sie nicht ausweichen würden? Meist hilft es schon, einige Möbel umzustellen und Pflanzen vor hinderliche Ecken und Kanten zu stellen, um nicht mehr anzuecken oder hängen zu bleiben.

Achten Sie darauf, dass sich Türen und Fenster nicht in einer Linie gegenüberliegen. Sollte dies dennoch der Fall sein, so können Sie den

Weg des Chis durch den Raum abbremsen, indem Sie Pflanzen, Werbetafeln oder Windspiele zwischen Tür und Fenster hängen. Achten Sie nur darauf, dass Klangspiele mindestens einen Meter von der Tür entfernt hängen, damit Sie nicht das eintretende Yang-Chi der Tür blockieren.

Elektrosmog

Die Belastungen, die von Stromleitungen, Steckdosen und Elektrogeräten, insbesondere von Computern, Druckern und umherliegenden Kabeln ausgehen, nehmen immer mehr zu. Immer mehr Menschen reagieren auf Elektrosmog mit Schwächungen des Immunsystems, mit Kopf- und Gliederschmerzen. Doch die Technik wird immer besser, und ich bin überzeugt, dass auch dieses Problem in den Griff zu bekommen ist.

Elektrosmog kann bei weiblichen Mitarbeitern zu kalten Füßen und Kopfschmerzen und sogar zu grippalen Erkrankungen führen. Legen Sie am besten eine Korkplatte unter die Füße, benutzen Sie abgeschirmte Kabel für die Büros und nehmen Sie abends ein heißes Fußbad mit einer Tasse Meersalz. Arbeiten Sie viel am Computer, dann sollten Sie einmal in der Woche ein Vollbad mit Meeressalz nehmen, falls Sie nicht unter zu hohem Blutdruck neigen. Eine Tasse Meersalz pro Bad genügt. Sprechen Sie diese Maßnahme auch mit Ihrem Hausarzt ab.

Aktenregale

Akten- oder Bücherregale dürfen den Raum selbstverständlich nicht erdrücken und sollten in jedem Fall Lebendigkeit zulassen. Benutzen Sie zur Auflockerung Figuren, Kristalle oder Blumen, um eine Wand nicht zum Koloss werden zu lassen. Oder wählen Sie Aktenschränke mit glatten Oberflächen, die wie eine Wand wirken.

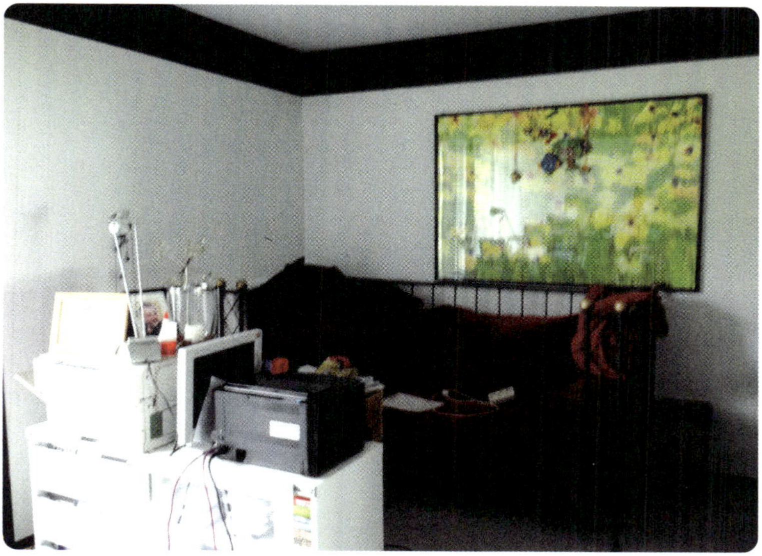

Vor und nach der Renovierung

Vor und nach der Renovierung

Runde Formen

Runde Formen können auch in Form von Kugelbrunnen und runden Fensterelementen in den Raum integriert werden. So wird die Einheit mit dem Himmel hergestellt. Runde Formen lassen das Chi des Raumes sanft fließen und gestalten eine Umgebung angenehm.

Schmutz

Schmutz ist hinderlich. Er zieht nach alter östlicher Vorstellung unklare Energien und ungünstige Ereignisse ins Haus. Deshalb ist auch im Feng-Shui für ein erfolgreiches Arbeiten die Sauberkeit des Raumes Voraussetzung. Manchmal klebt er an Türgriffen, mal an Fenstern oder in den Böden und Wänden, häufiger jedoch ist der Schmutz in der Schreibtischschublade zu finden und im Regal. Sollten Sie einen Großputz im Auge haben und sich von alten, unbrauchbaren Energien befreien wollen, so benötigen Sie 1 ml Rosenöl und 10 ml reinen Alkohol. Mischen Sie beides und geben Sie diese Essenz in einen Eimer Wasser. Jetzt können Sie mit dem Großputz beginnen.

Klarheit und Ordnung

Wer Ordnung hält, ist zu faul zum Suchen, oder? Ordnung klärt die Gedanken, meine ich. Außerdem ist es ja in der Tat so, dass man Wichtiges verliert, Nötiges vergisst und sich die Arbeit unnötig schwermacht, wenn man keine Ordnung hält. Wo Unordnung regiert, werden unnötigerweise weitere Altlasten produziert. Was gegen dies alles hilft, ist ein Großputz und Entrümpeln, wo es nur geht. So fließt Chi und die Gedanken bekommen Freiraum. Wer einmal alles gesichtet, sortiert und unnötige Akten ausrangiert hat, der weiß, wie gut man sich hinterher fühlt. Vom Standpunkt des Feng-Shui aus gesehen ist diese Vorgehensweise jeder speziellen Handlung vorzuziehen. Damit sind alle Heilmittel gemeint, die eingebracht werden. Das können Pflanzen sein, Kristalle, Bilder oder Spiegel. Bevor man etwas Neues in den Raum hineingibt, sollte man zunächst erst einmal etwas loslassen. Das entspricht dem holistischen Denken, und nicht anders funktioniert die Maschine Mensch. Nur der Wechsel der Stoffe, der Stoffwechsel, schafft Raum für Neues.

Wer sich zunächst von unbrauchbaren Dingen befreit und Klarheit in seine Räume lässt, wird auch bald viel mehr Durchblick besitzen und klare Entscheidungen treffen können. Je mehr herumsteht oder -liegt, desto schwerer fällt es, sich Neuem gegenüber zu öffnen. Eine Sichtung ein- oder zweimal im Jahr verhilft zu größter Gelassenheit und Ruhe und befördert nicht selten Ungeahntes zu Tage. Was Sie nicht mehr benötigen, stellen Sie am besten für wohltätige Zwecke zur Verfügung, verschenken es an Kollegen oder Mitarbeiter, verkaufen es oder geben es zum Sperrmüll. Mitunter genügt es auch, den Rest der Sichtung übersichtlich sortiert ins Regal zu stellen. Welche Entscheidung auch immer fällig sein sollte, sie ist essenziell, um ein gutes Feng-Shui zu erreichen. Wind und Wasser wollen in Bewegung bleiben. Deshalb benötigt man Platz. Dieser Platz lässt Energien um Sie herum zu, die Sie unterstützen wollen. Die Energieräuber, wie Schmutz, volle Papierkörbe oder Stapel von Schriftstücken, sind belastend und wirken hemmend auf Ihr kreatives Potenzial.

Schutz im Rücken

Wer schon einmal ungeschützt mit dem Rücken zu einem großen Fenster, dem Flur, einem großen offenen Raum oder einer Türöffnung gesessen hat, der weiß, wie sich diese Situation anfühlt. Manche Mitarbeiter bekommen Rückenverspannungen, sind oft grippal erkrankt oder leiden unter Konzentrationsmangel. Wer diese Sitzposition innehat, kann seine Stellung im Unternehmen trotzdem sehr wohl positiv beeinflussen. Dazu gehört in erster Linie, dass man einen Paravent oder Vorhang hinter sich weiß, wenigstens aber Pflanzen, die das starke Chi abbremsen, das durch die Türen eintritt. Wer das nicht kann, sollte sich eine Art Rückspiegel anschaffen, in dem er sieht, was hinter ihm passiert. So muss nicht andauernd das Alarmsystem in Aktion sein. Im Übrigen ist es auch in der Tat immer ein bisschen zugig, wenn man Fenster im Rücken hat. Im Sommer knallt die Sonne, und im Winter spürt man die Kälte. Feng-Shui meint ohnehin, dass Glas wie ein Nichts sei und dass durch dieses Nichts die Energie eben ungehindert entweichen könne.

Besser, Sie verschaffen sich Respekt und Unterstützung, indem Sie mit dem Rücken zur Wand sitzen. Ein New Yorker Bankier machte seine Erfahrungen mit Feng-Shui, indem er sich auf den Rat eines Feng-Shui-Experten hin mit dem Gesicht zur Tür setzte und mit dem Rücken zur Wand. Kurze Zeit später fühlte er sich weniger nervös, wie er sagte, und er hatte das Gefühl, seine Geschäfte besser unter Kontrolle zu haben und seine Pläne verwirklichen zu können.

Weit verbreitet ist die Ansicht, dass es gut sei, während der Arbeit zum Fenster hinauszuschauen. Der Nachteil ist aus Feng-Shui-Sicht, dass dann der Rücken zur Tür weist. Dies sollte nicht der Fall sein. Stellen Sie Ihren Schreibtisch so auf, dass Sie mit dem Blick zur Tür sitzen und die Wand im Rücken haben. So haben Sie mitunter auch die Möglichkeit, nach draußen und gleichzeitig zum inneren Geschehen zu schauen. Eine gute Wand im Rücken zu haben, ist ein stabiler Schutz, vergleichbar mit einem Schildkrötenpanzer. Das gibt Ihnen Durchhaltevermögen, Beständigkeit und Ausdauer und festigt Ihre Position im Gefüge der Firma. Wenn Sie mit dem Rücken zur Wand und mit dem Gesicht zur Tür sitzen, um Ruhe und Schutz zu genießen, fühlen Sie sich sicher und können Ihre ganze Aufmerksamkeit Ihrer Arbeit widmen.

Bewegungsspielraum

Funktionalität hat oberste Priorität! Anordnungsrichtlinien des Feng-Shui müssen sich diesen fügen. Doch Chi will fließen, und runde Formen sind allemal eckigen oder gar spitzen vorzuziehen. Scharfkantige Glaseinsätze oder ebensolche Tischplatten sind dem Bewegungsspielraum oft hinderlich. Wer sich stößt, ist schlecht gelaunt, und blaue Flecken erinnern so manches Mal noch am Abend an das Büro. Wer sein eigenes Chi im Fluss halten will, braucht Bewegungsspielräume. Entfernen Sie am besten alles Hinderliche, damit Chi fließen kann und Sie beruflich im »Fluss« bleiben.

Tischformen

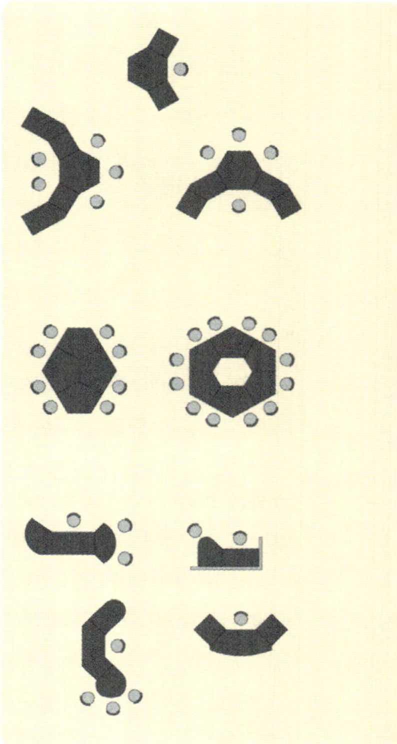

Im nächsten Schritt sollte unsere Aufmerksamkeit den Tischen gelten. Lassen Sie uns zunächst verschiedene Tischformen anschauen und diese nach Feng-Shui-Kriterien betrachten.

Nierenförmige Tische, die sich um den Arbeitenden »legen« und fast anschmiegen, stellen ein günstiges Feng-Shui dar. Aber auch leicht konkave Formen (nach innen gewölbt) werden dem Anspruch gerecht. Sie unterstützen die Bürotätigkeit und verleihen Schwung und Elan. Kreative Formen fördern auch die Kreativität.

Wer eine Tätigkeit mit großem Anspruch an Genauigkeit durchzuführen hat, wie es ein Buchhalter nun einmal tun muss, ist besser beraten, wenn er die Erdform für seinen Tisch wählt und dieser dann rechteckig ist oder achteckig. Diese Formen begünstigen die Konzentration auf das Wesentliche.

Einige weitere gute Feng-Shui-Lösungen möchte ich Ihnen ans Herz legen. Sie betreffen u. a. die Form der Tische, die für das Büro oder Besprechungen besonders günstig und deshalb empfehlenswert sind.

Der Schreibtisch

An Ihrem Schreibtisch werden Sie mitunter mehr Zeit verbringen als mit Ihrem Partner. Deshalb ist er von immenser Wichtigkeit.

Haben Sie ein zirka dreißig Zentimeter freies Plätzchen auf Ihrem Schreibtisch? Sie könnten diese Stelle mit einem Blumenstrauß, dem Foto Ihrer Liebsten, des Liebsten oder mit einem Halbedelstein belegen. Die Hauptsache ist, dass dieser Platz frei von Arbeitsutensilien bleibt. Ihre Gedanken sollten zu diesem »freien« Fleck schweifen können und Ihnen genügend Ruhe geben und Sammlung ermöglichen.

Räumen Sie den Schreibtisch auf und ordnen Sie das, was unvermeidlich ist. Ein bekannter Rechtsanwalt schloss einmal seine Pforten nicht aus dem Grund, weil er Urlaub machte, sondern weil ihm die Aktenberge über den Kopf gewachsen waren. Genau dies ist das Problem. Wer hinter seinen Akten wie eine Maus aus dem Mauseloch hervorlugt, kann nicht die Übersicht über die Dinge haben und hat es schwer, Klarheit zu erringen.

Wer kreativ arbeitet, benötigt abgerundete Schreibtischformen und ovale oder runde Formen für Besprechungstische. So ist Brainstorming besonders erfolgreich.

Wer analytisches Denken und lineare Arbeitsvorgänge zu bewältigen hat, wird sich an rechteckigen Tischen mit abgerundeten Kanten besonders wohlfühlen. Gerade buchhalterische Tätigkeiten und Terminabsprachen werden auf diese Weise am besten unterstützt.

Wählen Sie Hölzer für die Arbeitsplatte, die Ihnen farblich und von der Berührung her zusagen. So sind Buche, Erle und Esche neben Lärche und Ahorn besonders empfehlenswert.

Natürlich sollte das Licht für einen Rechtshänder von links kommen und der Platz frei von Schatten sein.

Wichtiges rund um den Schreibtisch auf einen Blick:

- Der Schreibtisch sollte diagonal zur Tür stehen.
- Richten Sie zudem auch den Schreibtisch nach Ihrer Ming-Kwa-Zahl aus.
- Achten Sie darauf, eine Wand im Rücken zu haben und Dinge, die Sie stärken.
- Vermeiden Sie Spiegel oder Fenster hinter sich.
- Der Schreibtischsessel sollte nicht nur eine gute, hohe Rückenlehne haben, er sollte auch Armlehnen besitzen, damit Sie sich »unterstützt« fühlen.
- Achten Sie auf ein gutes Zusammenspiel von Schreibtisch und Stuhl, optisch und ergonomisch.

Ein Schreibtisch aus Glas lässt die Arbeit schwer auf Ihren Oberschenkeln lasten, und Sie würden sich im wahrsten Sinne des Wortes belastet fühlen. Leichte Schreibtische sind hingegen für veränderliche

Büroeinheiten ein Muss. Kreative kommen ohnehin nicht ohne Veränderungen aus.

Der Schreibtisch sollte sicher stehen und eine gewisse Schwere haben, wenn es sich um einen Chefschreibtisch handelt. Damit wird die auf ihm liegende Arbeit wichtig, bekommt Format. Ein *Chef-Schreibtisch* sollte Würde und Beständigkeit ausstrahlen. Vielleicht ist das in zehn Jahren anders in unserer schnelllebigen Zeit. Unter heutigen Feng-Shui-Gesichtspunkten muss man dies aber befürworten, wird doch auf einem schweren, dunklen Schreibtisch das, was auf ihm liegt, auch wertiger, gehaltvoller!

Die liebe Ordnung

So wie Ihr Büro aussieht, so sieht es in Ihrem Kopf aus! Sorgen Sie für Klarheit und Übersicht. Der Arbeitstisch sollte eine bestimmte Grundordnung aufweisen, weder zu überladen noch zu leer sein. Zusätzlich sorgt ein freier Bereich, der als Min Tang bezeichnet wird, für die nötige Konzentration auf das Wesentliche, er verleiht Ruhe und Kraft.

Als ich einmal einen Künstler beriet, der wundervolle Bilder malte, kam ich überall hin, nur nicht in sein Arbeitszimmer. Berge von Zeitschriften und Akten lagerten auch auf dem Boden. Er verriet mir, dass er sich in der Regel über die angelehnte Balkontür von einem Nebenzimmer in sein Büro begeben würde. In der Tat! Das war der leichtere Weg!

Das richtige Licht

Eine unzureichende und schwache Beleuchtung ist die Hauptursache für Stress. Die Hintergrundbeleuchtung sollte nicht zu dunkel, aber auch nicht zu hell sein, und die Schreibtische müssen selbstverständlich

gut ausgeleuchtet sein. Dennoch gilt, dass selbst bei bester Ausleuchtung von der Decke her das Büro in der Hauptsache mit Yang, mit hellen Lichtquellen von oben, ausgestattet sein sollte. Was Sie für eine gute Balance im Inneren benötigen, ist Yin-Licht. Das kann durch Schreibtischleuchten oder Wandleuchten, einzelne Lampen auf den Sideboards oder Stehlampen erzeugt werden, je nachdem wo man sich befindet, wie groß der Raum ist und wie viel Bewegungsspielraum er lässt. In jedem Fall sollten Sie bei der Lichtwahl darauf achten, dass Sie sich nicht den Boden verstellen, wenn Sie nicht genügend Platz haben sollten. Letzteres würde Ihren Handlungsspielraum einschränken. So ist es ratsam, wenn man nicht genügend Platz am Boden hat, auf Wandlampen umzusteigen. Beim Yin-Licht geht es in erster Linie darum, dass weiche, gelbliche Lichtsituationen erzeugt werden. Sie erzeugen selbst dann noch eine angenehme Atmosphäre, wenn man allein im großen Büro sitzt und Überstunden machen muss.

Achten Sie natürlich auch darauf, dass das Licht nicht blendet.

Setzen Sie auch Licht für dunkle Ecken ein, um Ihr Chi zu beleben. Wer schmale und beengte Flure hat, sollte zudem ebenso mit Licht dagegenarbeiten. Versetzen Sie die Lichtquellen und strahlen Sie die Seiten an. Auf diese Art und Weise erzeugen Sie kostbare Yang-Energie und beugen Arbeitsunlust vor. Ein Check des Lichtes kann hilfreich sein, bei dem die Qualität des Lichtes, seine Farbzusammensetzung und Charakteristik in Augenschein genommen und überprüft wird. *True-Light*, das gerade in aller Munde ist, ist sicherlich eine Alternative, um gesundes Licht in unsere Räume zu lassen. Firmen wie Zumtobel Staff GmbH sind hinsichtlich einer ausgewogenen Beleuchtung sicherlich hervorzuheben. Vertrauen Sie Ihr Büro einem Experten an. Ihr Feng-Shui-Experte wird Ihnen zunächst Lösungen für Ihre Situation nennen. Das kann natürlich dennoch einen Fachmann für Licht nötig machen, der die Ideen und das Anliegen von Feng-Shui mit seinen Kenntnissen umsetzt.

Wasser

Wasser ist mit Reichtum gleichbedeutend. Wer Wasser in sein Büro bringt, verbessert zweifelsohne die Luft und trägt dem energiespendenden Atem des Chi Rechnung. Chi gibt Ihnen Energie für den Tag, befeuchtet die Schleimhäute, sorgt für Leistungsfähigkeit, eine gute Haut und Gedankenblitze.

Computer

Computer sollten mit ihrer Rückseite zu einer Wand stehen, damit man das Kabelgewirr nicht sieht und damit der Elektrosmog nicht gegen eine Person gerichtet wird. Sorgen Sie für wenig sichtbare Kabel im Büro, da sonst die nervliche Belastung steigt. Die herumliegenden Kabel werden bei den Asiaten mit offen liegenden Nervensträngen assoziiert. Verstehen Sie jetzt, warum man sie nicht kreuz und quer im Raum haben sollte?

Der Arbeitsstuhl

Je höher die Position ist, desto größer darf die Rückenlehne sein. Wechseln Sie zwischen diesem Stuhl und einem Stehpult oder einem in der Höhe verstellbaren Tisch, und setzen Sie sich zwischendurch auch einmal auf einen beweglichen Stuhl oder Pezziball. Dies dient dazu, Ihre Wirbelsäule beweglich und den Energiefluss damit in Gang zu halten. Wer steif acht Stunden auf seinem Stuhl verbringt, wird sich früher oder später mit Rückenbeschwerden und Kopfschmerzen herumplagen.

Die Balance von Yin und Yang

Yin und Yang drücken Balance und Harmonie aus. Im Wechselspiel der Dualitäten liegt Harmonie.

Wenn Räume, Geschäfte und Firmenareale ein ausgewogenes Verhältnis beider Energieformen aufweisen und die weiblichen Yin-Energien und die männlichen Yang-Energien ausbalanciert sind, dann

wirkt sich dies positiv auf den Teamgeist, die Arbeitsmoral und die Erfolgsentwicklung aus. Am besten kann man Yin und Yang analysieren, indem man den Helligkeitsgrad, die Formen, Farben, Materialien und Arbeitsabläufe analysiert.

Bei einem Yang-Überschuss werden Spontaneität und Aktivität unterstützt. Bei einem Überschuss an Yin-Energie wird das Tempo gedrosselt und die Aktivität im Zaum gehalten. Kein Wunder also, dass Yin und Yang Auswirkungen auf unser Leben und die Gesundheit haben. Um dem Erfolg nachzuhelfen, muss zunächst auch eine Ausgewogenheit von Yin und Yang herrschen. Deshalb vergleichen Sie nachfolgend:

- Wechseln sich helle (Yang) und dunkle (Yin) Arbeitsflächen ab?
- Gibt es schattige (Yin) und sonnige (Yang) Bereiche?
- Ist es weder zu warm (Yang) noch zu kalt (Yin) im Raum?
- Wechseln sich matte (Yin) und glänzende (Yang) Flächen ab?
- Gibt es dunkle (Yin) und helle (Yang) Möbel?
- Ist der Boden dunkler (Yin) als die Decke (Yang)?
- Gibt es beispielsweise zu Blautönen (Yin) auch die Komplementärtöne wie Apricot/Orange (Yang)?

Das Chi des Raumes

Es gibt viele Methoden, Energie, Chi, anzuziehen und so die Motivation und Energie der Kollegen und Mitarbeiter zu steigern. So schaffen Sie eine Aura von Wohlbefinden und Kreativität im Raum:

Chi fließt diagonal von der Tür in den Raum. Chi wird aufgefangen von Pflanzen und Wasser und von dort aus wieder in den Raum befördert. Blumendekorationen ziehen Chi an.

- Schöne Klänge erfreuen das Ohr.
- Schöne Bilder erzeugen Stimmungen der Ruhe, der Freude oder der Harmonie. Deshalb betrachten Sie, was Sie tatsächlich sehen. Welche Assoziationen wecken Ihre Wanddekorationen und Bilder?
- Kunstobjekte und Siegestrophäen können das Image heben.
- Abgerundete Formen lassen Chi ungehindert fließen.
- Yang-Farben, wie Gelb, Orange und dezente Rottöne, sind anregend und gut für eine kreative Atmosphäre im Büro.

- Zimmerbrunnen mit klarem, fließendem Wasser ziehen Chi an.
- Tageslicht und diesem nachempfundenes Licht sind besonders anziehend.
- Ordnung und Sauberkeit lassen Chi zirkulieren.

Beugen Sie der Disharmonie vor

Lassen Sie es nicht zu, dass Unfrieden, Disharmonien, Krankheit und Missstimmung in Ihr persönliches Büro einziehen. Verantwortlich dafür sind die sogenannten Sha-Chi-Energien. Sie können unterschiedliche Gesichter haben. Ich gebe Ihnen nachfolgend einige dieser »Gesichter« an, damit Sie mit Erfolg den Weg der Vermeidung gehen können.

In den Raum hineinragende, kantige Raumecken und Pfeiler können störend wirken.
Abhilfe: Verspiegeln Sie diese, stellen Sie Pflanzen davor, umranken Sie sie mit Dekorationsmaterial. Möglicherweise können Sie die Pfeiler ja auch entfernen.

Wer sich direkt einer Klimaanlage aussetzt, kann bei dem Luftzug unter Müdigkeit, Übelkeit, Nacken- oder Rückenschmerzen leiden.
Abhilfe: Wechseln Sie den Platz.

Schmale, lange Flure lassen Chi pfeilartig durch die Firma schnellen.
Abhilfe: Kastendecken, Beleuchtungskörper in einer Schlangenlinie von der Decke herabhängen lassen, punktuell Lichtinseln schaffen, Klangspiele aufhängen oder Pflanzeninseln im Zickzack-Muster aufstellen.

Balken über dem Sitzenden drücken das Energiefeld.

Abhilfe: Rücken Sie unter dem Balken weg oder ziehen Sie eine Zwischendecke unter dem Balken ein. Bedenken Sie die Weisheit alter Feng-Shui-Meister: Ist die Decke gerade, dann fließt geschäftlicher Erfolg ungehindert!

Raumschrägen schränken die Arbeitspower ein.

Abhilfe: Sitzen Sie möglichst in einem Raum, der Ihnen keine Deckenschrägen bietet. Ist dies unvermeidbar, dann setzen Sie sich mit dem Kopf so weit wie möglich von ihnen entfernt.

Gegenüberliegende Sitzplätze erzeugen Angriffslust – selbst wenn es Ihr Partner ist, der Ihnen gegenübersitzt. Selbst wenn niemand außer Ihnen im Büro ist, empfängt man im Stil der Briefe und am Telefon Ihre Stimmung trotzdem.

Abhilfe: Durch die Computer lässt sich die Blickrichtung verändern, kleine Wandschirme und Pflanzen aufstellen.

Sitzt man mit dem Rücken zur Tür, schwächt dies die Stellung in der Firma und die Gesundheit.

Abhilfe: Sitzordnung neu überdenken und die Sitzrichtung mit Blick zur Tür verändern. Wenn dies nicht gehen sollte, einen Wandschirm aufstellen, von der Decke eventuell eine Art Ziehrollo herabhängen lassen oder eine Stoffbahn anbringen. In jedem Fall aber einen Spiegel auf den Tisch stellen, damit die Kontrolle nach hinten möglich wird.

Eine zu hohe Raumtemperatur kann leicht zu Ermüdungserscheinungen führen.

Abhilfe: Passen Sie die Raumtemperatur immer der Tätigkeit und den Bedürfnissen an.

Der mit der Spitze zum Betrachter gerichtete Brieföffner oder Füllfederhalter auf dem Tisch kann Aggressivität erzeugen.

Abhilfe: Aufmerksamkeit an den Tag legen und diese Situationen vermeiden.

Bilder mit aggressivem Inhalt können die Atmosphäre negativ aufladen oder sogar Kunden abhalten.

Abhilfe: Suchen Sie nur Bilder aus, die eine natürliche, positive und freundliche Stimmung haben. Hängen Sie diese in aufsteigender Linie von rechts nach links auf oder gleichberechtigt nacheinander.

Muffige Räume erzeugen Sha, der Lebensenergie abträgliche Energien.

Abhilfe: Lüften Sie die Räume gut und bedienen Sie sich eventuell einmal wöchentlich eines Luftbefeuchters. Das ist ein Gerät, das mit Wasser arbeitet und über einen Lüfter die feinen Wasserteilchen im Raum verteilt. Sollte geraucht werden, so wird sich diese Methode der Raumerfrischung als äußerst effektiv herausstellen. Geben Sie noch ätherische Öle, wie Limette oder Pampelmuse, in den Luftwäscher, so haben Sie einen Frischefaktor in der Luft, mit dem es sich wesentlich leichter arbeiten lässt.

Wer einen feuchten Arbeitsraum besitzt, sollte lieber umziehen. Denn die Schimmelpilze sind Sha-Chi-Energien, die das Immunsystem schwächen. Wer natürlich die Ursache der Feuchtigkeit behebt, braucht nicht an Umzug zu denken. Schauen Sie doch einmal hinter die Aktenordner. Vielleicht sitzt dort die Ursache der Feuchtigkeit in Form einer nassen Wand.

Wer kennt es nicht aus Bürozeiten, wo der liebe Kollege oder die Kollegin einen mottenstichigen, schimmelpilzähnlichen oder anderen unguten Geruch an sich hatte ... Manchmal haftet dieser Geruch der Kleidung an, da die Wohnung der Betroffenen feucht ist. Manchmal wird die Hygiene nicht so großschrieben, oder es sind die Ausdünstungen von Medikamenten oder Alkohol. Das kann die Aufmerksamkeit vollkommen ablenken und das Arbeiten unerträglich machen. Wer sagt es ihm oder ihr?

Das Chefbüro

Wer den Asiaten Glauben schenkt, weiß, dass das Glück eines Unternehmens auch von einem guten Bürostandort des Geschäftsführers oder Firmeninhabers abhängig ist. Wer Autorität erlangen möchte, sollte ein Eckbüro wählen, das am weitesten vom Haupteingang entfernt ist, dennoch aber nicht in der letzten Ecke liegt. Ein Marketingunternehmer in Los Angeles hatte beispielsweise erst seinen Streit mit einem Geschäftspartner bereinigen können, nachdem er ein Eckbüro bezogen hatte. Wer einen verantwortlichen Posten hat, sollte zudem ein großes Büro besitzen. Ist es groß genug, dann ist neben der Türausrichtung und der Ming-Kwa-Zahl die Beleuchtung das nächste Ziel der Feng-Shui-Betrachtungen. Schwache Bürobeleuchtungen sind ein Hauptgrund für Stresssymptome. Sie reduzieren die Leistungsfähigkeit und das effiziente Arbeiten.

Wer Chef ist, kann und sollte sich Unterstützung aus seinem Umfeld ziehen. Die sicherste Unterstützung ist die, eine hohe und bequeme Stuhllehne zu haben. Beide Arme sollten auf Drache und Tiger, nämlich auf zwei Armstützen, liegen, die das Gefühl der Unterstützung erzeugen. Last but not least: Der Rücken braucht eine Wand, um im wahrsten Sinne des Wortes Rückhalt zu bekommen.

Ist der Schreibtisch diagonal zur Tür aufgestellt, dann hat man die maximale Kraftkontrolle, aber auch Autorität und Konzentration auf seiner Seite. Mit dieser Schreibtischposition erlangt man leichter die Übersicht, Weitsicht und die Geschäfte können expandieren.

Wenn Sie nicht direkt von Ihrem Schreibtisch aus auf Wasser draußen sehen können, so probieren Sie es einmal mit einem Spiegel. Wer fließendes Wasser sieht, hat es nämlich leichter, reich zu werden – und der Anblick von Wasser ist inspirierend und angenehm.

Spiegel eignen sich auch dann, wenn Ihr Büro zu schmal sein sollte oder wenn Sie mit dem Spiegel die Kontrolle über die Ein- und Ausgehenden erreichen. So sind Sie der Kapitän auf Ihrem Schiff.

Der Lektor eines New Yorker Büros stellte seinen Schreibtisch um, so dass er mit dem Rücken zur Wand saß. Er meinte, dass er sich jetzt wesentlich besser fühle als vorher – und fünf Monate später wurde er zum Cheflektor für Erwachsenenliteratur ernannt. Zufall oder das Ergebnis eines Samenkorns?

Ob für Menschen mit Verantwortung, ob für solche auf dem Weg zu einem weiteren Siegeszug oder ob für Menschen, die lediglich eines wollen: mehr Geld – Feng-Shui kann ein Meilenstein auf Ihrem Weg sein.

Das Homeoffice

Arbeiten zu Hause statt im Büro ist sicherlich verlockend und wird auch in Zukunft immer mehr Furore machen. Arbeiten in den eigenen vier Wänden spart den morgendlichen Weg zur Arbeit. Ein Zimmerwechsel innerhalb des Hauses bedeutet hier schon, dass man arbeitet. Aber gerade deshalb bedarf es einer klaren Trennung von Arbeits- und Wohnbereichen, denn sonst könnte die Arbeit ohne Ende sein oder das Wohnen immer an Arbeit denken lassen und die Arbeit an die Freizeit. Wer zu Hause arbeitet, braucht ein gutes Feng-Shui und Disziplin.

Als Homeworker benötigen Sie natürlich auch einen Terminkalender, um sich einzuteilen. Der Vorteil dieser freien Zeiteinteilung ist natürlich, dass Sie ein Gefühl der Freiheit entwickeln und Ihr eigener Chef sind.

Wo auch immer Sie Ihren Raum zum Arbeiten vorgesehen haben, er sollte sich in einem ruhigen Bereich und nicht so weit abseits des Geschehens befinden und mit Ihrer Ming-Kwa-Richtung in Übereinstimmung sein. Auch das Homeoffice muss richtig platziert werden. Ist es im Keller, schwindet oft die Arbeitsmoral. Solche Büros sind nur dann günstig, wenn die untere Etage volles Tageslicht enthält und der Weg zu diesem Raum freundlich gestaltet und gut beleuchtet ist.

Ist das Büro unter dem Dach, dann ist der Weg dorthin meist schon »zu lang«, und befindet es sich zu nah an der Küche, dann sind Sie mitunter immerzu mit Häppchen beschäftigt. Falls Sie mehrere Ebenen im Haus haben sollten, so eignet sich die Eingangsebene oder die erste Etage. Legen Sie trotz Kindern Ihren Arbeitsraum nicht allzu weit vom Geschehen weg, schon gar nicht in den, wie oben beschrieben, entferntesten Winkel. Am besten ist der Arbeitsplatz zentral platziert, damit Sie stets den Überblick bewahren und Ihre Tätigkeit gern beginnen. Dieser Platz kann durch Schiebewände leicht abgetrennt oder bei einem Ruhebedürfnis hinter Ihnen geschlossen werden.

Der Grundriss des Büros sollte harmonisch sein, quadratisch oder rechteckig.

Sorgen Sie für Ordnung auf dem Schreibtisch und eine gute Ausrichtung mit dem Blick zur Tür und dem Rücken zur Wand.

Auch im Homeoffice ist Balance ein Faktor. Wählen Sie Jalousien, wenn der Raum zu hell sein sollte, und leeren Sie Papierkörbe, Aschenbecher oder Ablagen regelmäßig. Wischen Sie auch die Schreibtischplatte am Tagesende oder -anfang einmal ab. So muss man alles herunterräumen – und wer abräumt, muss neu sortieren und sichten!

Feng-Shui sieht alles in einer Balance. Arbeiten und Ruhe müssen sich zum Wohle der Familie und der Gesundheit die Hand geben.

Pflanzen, die dem Raum neue Energien geben

Weniger Ausfall durch kranke Mitarbeiter und selbst mehr Kraft, um alle Ihre Aufgaben zu erledigen? Möchten Sie genau das? Aber gern! Pflanzen spielen dabei eine wichtige Rolle.

Pflanzen sollten in keinem Büro fehlen, egal wie groß oder klein es sein mag. Sind nicht gerade die Pflanzen unsere Mittler nach draußen zur Natur? Ursprünglich waren wir Jäger und Sammler und hielten uns hauptsächlich in der Natur auf. Heute wird der unmittelbare Bezug zur Natur immer geringer. Ja, laut Statistik ist jeder Bürger durchschnittlich sogar nur noch zwanzig Minuten pro Tag an der frischen Luft! Dies ist insbesondere bei Menschen, die im Büro arbeiten, nachzuvollziehen, insbesondere dann, wenn man mit dem geliebten Auto zur Arbeit fährt.

Im Feng-Shui-Denken gehören die Pflanzen zum Element Holz, das Wachstum und Gedeihen ausdrückt. Wenn auch Ihre Pflanzen im

Büro Frische und Wachstum ausstrahlen, dann haben Sie die positiven Holz-Kräfte als Wirkkraft an Ihrer Seite. Sie geben Ihnen Inspiration, Ruhe und innere Gelassenheit. Manche Pflanzen wirken harmonisierend auf die Nerven, andere aktivieren und fördern Kreativität und Spontaneität.

Lassen Sie mich Ihnen nachfolgend einige Pflanzen aufführen, die Sie in Ihrem Büro wirkungsvoll einsetzen können.

- Das **Alpenveilchen** tröstet Menschen und gibt ihnen das Gefühl, geliebt zu werden.
- Die **Azalee** schenkt Freude, Ruhe und Nervenstärke.
- Das **Bubiköpfchen** inspiriert und eignet sich besonders bei geistiger Festgefahrenheit.
- **Efeu** wirkt belebend, stärkt die Durchsetzungskraft in Projekten und ist impulsgebend.
- Die **Efeutute** wirkt ausgleichend und harmonisierend auf kopflastige Menschen.
- Der **Elefantenfuß** hilft bei Rechthaberei und Starrsinn, verzeihend und nachgiebiger zu werden.
- Die **Flamingoblume** hilft introvertierten Menschen, sich selbst mehr wahrzunehmen, und reinigt die Luft obendrein von Schadstoffen.
- Das **Frauenhaar** verhilft zu zielgerichtetem Denken und Handeln.
- Der **Geldbaum** heitert auf und fördert die Extrovertiertheit sonst verschlossener Menschen.
- Die **Grünlilie** verleiht neue Energie in festgefahrenen Situationen.
- Die **Hortensie** fördert Kreativität und Spontaneität.
- Der **Hirschgeweihfarn** fördert die Kommunikationsfähigkeit.

- **Jasmin** wirkt anregend und fördert die Freude an der Begegnung mit anderen Menschen.
- Der **Judenbart** unterstützt Menschen dabei, sich in ein Kollektiv hineinzudenken und die Strukturen und komplexen Zusammenhänge zu erkennen.
- Die **Leuchterblume** gibt Ruhe und Gelassenheit.
- Die **Nerine** wirkt aktivierend, energetisierend und unterstützt die Schaffenskraft bei monotonen Arbeiten.
- Die **Tolmiea** ist eine Pflanze, die Optimismus versprüht und neue Impulse setzt.
- Der **Philodendron** verleiht frische Energie und hilft in verfahrenen Situationen, klarer zu sehen. Auch diese Pflanze baut Schadstoffe ab!
- Der **Schwertfarn** wirkt harmonisierend auf das gesamte Nervensystem und baut Schadstoffe wie Xylol und Toluol ab.
- Die **Strahlenaralie** ist ausgezeichnet für Großraumbüros geeignet oder überall dort, wo mehrere Menschen zusammenkommen.
- Der **Zimmerwein** feuert an und unterstützt Menschen bei ihren Routinearbeiten.
- Der **Zierspargel** aktiviert all das, was in Fluss kommen soll, und hat sich als unterstützende Pflanze zur Problemlösung bewährt.
- Der **Zimmerbambus** unterstützt das Durchsetzungsvermögen und steht für Flexibilität und Härte gleichermaßen.

Checkliste

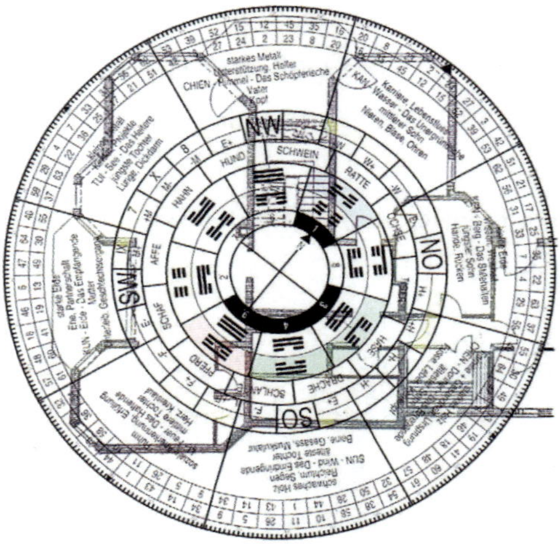

Was Sie überprüfen lassen sollten oder selbst schon in die Hand nehmen können.

1. Schritt: Die Adresse

Wie lautet die Adresse?

Wie klingen Stadt- und Straßenname?

Erfolgreiche Unternehmen haben wohlklingende Adressen. Auf den Parfümflaschen beispielsweise werden Sie oft *Paris*, *New York* und *Rom* entdecken. Große Städtenamen für große Parfüms!

2. Schritt: Die Lage

Wie ist die Lage des Büros?

Wenn Sie keinen direkten Kundenkontakt haben, dann kann sich das Büro in zweiter Reihe, am Stadtrand oder in oberen Etagen befinden.

3. Schritt: Die Hausnummer

Welche Hausnummer hat Ihr Unternehmen? Sie sollten keine der folgenden Hausnummern gewählt haben: 4, 14, 24 oder 44. Die Vier gilt als äußerst ungünstiges Feng-Shui. Harte Arbeit und Missverständnisse könnten die Folge sein. Nehmen Sie die Zahl optisch zurück oder kreisen Sie diese beispielsweise mit einem Metallring ein. Überprüfen Sie diesbezüglich auch gleich die Konto-, Telefon- und Autonummern. Auch hier sollten Sie die Glückszahlen verwenden, die Ihnen Erfolg bescheren. Die Zahlen 8 und 9 sind weltweit die erfolgreichsten.

4. Schritt: Der Eingang

Wie ist der Weg zum Eingang? Ein gewundener oder gebogener Weg ist besser als ein gerader Zuweg.
Prüfen Sie die Beleuchtung. Blendet das Licht? Sind Bewegungsmelder vorhanden? Könnten mehr Lichtquellen angebracht werden?
Prüfen Sie den Sitz des Firmenschildes. Wie wirkt der Firmenname? Geht er im Gesamtgefüge der Fassade unter oder hängt er zu hoch?
Ist irgendein Verfallsanzeichen am Eingang zu sehen? Dann sofort entfernen, sonst stagnieren die Geschäfte.
Gibt es Pflanzen am Eingang und/oder Wasser, um das Chi anzuheben?
Welche Farbe hat der Eingang?
Welches lichte Türmaß hat der Eingang? (Schauen Sie in der Tabelle nach!)
Überprüfen Sie die Leichtgängigkeit der Tür. (Sonst werden auch Ihre Geschäfte schwergängig sein!)
Wie riecht es im Rauminneren? Frische Luft oder abgestanden und muffig? Die Leistung der Mitarbeiter würde im letzteren Fall drastisch sinken.

5. Schritt: Die Himmelsrichtung

Legen Sie die Gradzahl Ihres Einganges fest. Verwenden Sie drei Messungen, um die Ausrichtung Ihres Gebäudes feststellen zu können. Tragen Sie daraufhin in den Grundrissplan die Himmelsrichtungen ein. Sitzen Sie in der richtigen Himmelsrichtung? Vergleichen Sie zusätzlich die Tätigkeitsfelder hinsichtlich der Himmelsrichtungen und Ihrer Bedeutungen. Vielleicht können Sie daraufhin die Nutzung der Räumlichkeiten ändern?

6. Schritt: Der Treppenaufgang

Wenn es einen Treppenaufgang gibt, wie ist dieser gestaltet? Welche Gerüche, Lichtsituation und Wegeführung existieren hier? Gibt es Bilder oder Accessoires, die thematisch zum Büroeingang hinleiten?

7. Schritt: Der Büroeingang

Wie empfängt Sie die Bürotür?
Wie klingt der Ton der Klingelanlage?
Ist er hell und einladend?
Wo befindet sich das Schild? Ist es auf der rechten Seite der Tür?

8. Schritt: Der Empfang

Gibt es einen Empfang?
Sind die Empfangsdamen freundlich?
Wo fällt der erste Blick hin?
Wie sind die Gerüche, Stimmungen, Farben und Geräusche in diesem Bereich?
Gibt es Verweilareale, wo sich Chi und damit Menschen gern einfinden?
Wo sind die Warteareale?

9. Schritt: Der Wartebereich

Prüfen Sie, wenn vorhanden, den Wartebereich. Wie ist er gestaltet, wie sind Temperatur, Farbe und Stuhlsituation?
Werden dort Getränke, Vitamine, Knabbereien etc. angeboten?
Gibt es eine Besucherkartei mit Geburtsdaten und vermerkten besonderen Wünschen der Klienten?

10. Schritt: Die Ming-Kwa-Zahl

Tragen Sie jetzt die Elemente der Himmelsrichtungen in den Plan ein. Vergleichen Sie das Element Ihrer Ming-Kwa-Zahl mit dem Element des Raumes. Gleichen Sie den Raum im Sinne der Harmonie mit Farben und Bodenmaterialien aus.

11. Schritt: Das Chefbüro

Wie ist das Chefbüro gelegen und eingerichtet?
Ist es groß und hell?
Ist die Himmelsrichtung passend zur Ming-Kwa-Zahl des Chefs?
Welche Farben braucht der Raum?

12. Schritt: Die Rückendeckung

Überprüfen Sie in jedem Raum die Rückendeckung und die Blickrichtung von den Sitzplätzen aus.

13. Schritt: Die Temperatur

Temperieren Sie den Raum passend für die Art der Tätigkeit, und wählen Sie eventuell einen Sonnenschutz.

14. Schritt: Freiraum schaffen

Entfernen Sie überflüssige Dekorationen.

15. Schritt: Das Chi des Raumes

Heben Sie das Chi an. Das kann mit Wasserbrunnen, Pflanzen, Bildern, Düften, Spiegeln oder anderen Accessoires geschehen.

Aber Achtung! Wasser an der falschen Stelle kann sich negativ auswirken!

16. Schritt: Das Logo

Überprüfen Sie zum Abschluss das Briefpapier, die Visitenkarten und die Werbung. (Siehe Seite 229)

Ihr Geschäft: Basics der Energielenkung

Achten Sie darauf, dass Sie auf der rückwärtigen Gebäudeseite ein höheres Haus oder einen Berg haben. Im Feng-Shui wird dies als gute *Schildkrötenlage* bezeichnet. Hinter dem Gebäude sollte sich ein Berg, ein höheres Gebäude, ein Wald oder eine hohe Mauer befinden. Ist dies der Fall, dann werden die Geschäfte gut laufen und das Unternehmen kann Rücklagen bilden.

Auf der rechten Seite Ihres Geschäftsgebäudes sollte sich der *grüne Drache* befinden. Das heißt, dass diese Seite tatsächlich begrünt sein sollte. Stellen Sie beispielsweise eine große Blumenschale rechtsseitig vom Eingang auf.

Hohe Bäume zur Rechten, eine Parkanlage oder ein höheres Gebäude können symbolisch den Drachen, die Yang-Energie, verkörpern. Dies bedeutet viel Glück und Einfluss sowie steigende Umsätze.

Zur linken Seite sollte das Yin-Prinzip, der sogenannte *Tiger*, sichtbar werden. In der Landschaft sind dies niedrigere Hügel, in der Stadt niedrigere Gebäude auf der linken Seite des Eingangs.

Wenn vor dem Eingang ein sogenannter Min-Tang-Bereich geschaffen wurde, das heißt ein Vorplatz, der frei und offen gestaltet ist, dann ist dies der Sammelplatz für wohlwollendes Chi. An Stellen, wo es sich sammelt, fühlen sich auch potenzielle Kunden eingeladen, näher zu treten und zu verweilen. Auf einem solchen Vorplatz können üppig blühende Blumen, Springbrunnen, Bänke, Bäume u. Ä. sein. Die dadurch geschaffene Atmosphäre ist besonders einladend und kurbelt die Geschäfte an.

Der Eingang

Groß soll er sein, hell und licht, leicht erkennbar und unverwechselbar. Wer allerdings die horizontalen Linien am Eingang betont, sagt: »Nein, komm nicht herein!« Wer die Vertikale betont sagt dagegen ja, und damit wirkt der Eingang einladend.

In dem obigen Beispiel führt eine Straße auf den Geschäftseingang zu. Sehen Sie, wie man sich dagegen erfolgreich zur Wehr setzt. Erstens ist Rot die Farbe des Lebens und des Glücks und zweitens ist der untere Teil der Tür geschützt gegen die Scheinwerfer, die vorher bis tief in das Ladeninnere hineingeleuchtet und gestört haben.

Der Eingang sollte sich augenscheinlich vom gesamten Baukörper abheben. Blockieren Sie sich den Eingang allerdings nicht durch Autos und beleuchten Sie ihn am Abend gut, damit er mehr Yang-Energie gewinnt. Wer mehrere Eingänge hat, sollte den Haupteingang betonen, damit es keine Verwirrungen gibt.

Große, schlanke Bäume oder Kugelakazien, Kugelahorn oder andere Bäume mit runden Kronen sind vorteilhaft für die Betonung des Eingangs. Selbstredend dürfen diese nicht mittig vor dem Gebäude auftauchen, sonst würden Sie eine Blockade bewirken. Rechts und links des Eingangs sind Sie zu empfehlen. Prüfen Sie auch hier, ob es sich um Tief-oder Flachwurzler handelt.[7]

Fragen Sie sich, ob man auch am Tag erkennt, dass das Geschäft geöffnet ist.

Sind Sie leicht zu finden?

Ist Ihre Reklame von weitem bei Tag und bei Nacht zu erkennen? (Oder nur für Leute, die sich bereits auskennen?)

Ist Ihr Eingang frisch, einladend und öffnet im übertragenen Sinne weit die Arme für Besucher?

Vermeiden Sie Anzeichen des Verfalls. Es kann natürlich sein, dass ein Abtrittteppich am Eingang abgenutzt ist und ersetzt werden muss oder dass die Wand abbröckelt, korrigieren Sie diese Verfallsanzeichen gegebenenfalls.

7) Lesen Sie hierzu mehr in meinem Buch »Qi-Gardens«, Silberschnur 2004

Der Laden sollte so aufgebaut sein, dass er nicht vom Schaufenster aus einsehbar ist. Bauen Sie das Schaufenster wie folgt auf:

Ein Blick in den Laden signalisiert dem potenziellen Kunden, ob er willkommen ist oder nicht. Der Verkäufer, der hinter der Theke hervorlugt und liest, signalisiert: Du störst mich!

Unaufdringliche Verkäufer, die nach zirka einer Minute den sich nach Hilfe umschauenden Kunden ansprechen, sind allemal besser als diejenigen, die ein aggressives Auftreten haben und den Kunden beim Betreten des Geschäftes »überfallen«. Ermutigen Sie den Kunden durch Nichtstun, durch Gelassenheit, sich umzuschauen. Bieten Sie ihm lieber etwas zu trinken an, einen Katalog, das Neueste vom Neuesten und lassen Sie ihn dann in Ruhe walten. So fühlt er sich betreut, und Sie vermeiden Angriff, Gegenwehr, Abwehr und Aggression – Sie nehmen ihm also den Wind aus den Segeln.

Die Menschen, die sich in großen Kaufhäusern unwohl fühlen, sind jene, die nach zirka einer Minute keinen Ansprechpartner sehen oder selbst durch intensives Suchen keinen finden!

Ausrichtung von Türen und Fenstern

Negative Auswirkungen

Eingangstür und Hintertür liegen in einer Linie oder Eingangstür und Fenster liegen sich genau gegenüber.

- Die gesamte Energie »verschwindet« durch die Hintertür.
- Das Unternehmen krankt.

- Den Mitarbeitern mangelt es an Vitalität, Motivation und Antrieb.
- Die Mitarbeiter haben bei der Arbeit wenig Energie, machen Fehler und zeigen mangelhafte Leistungen.

Schaufenstergestaltung

Das Geheimnis einer ausgewogenen Schaufensterdekoration besteht darin, die zu gestaltende Schaufensterfläche in drei Teile einzuteilen, den linken Teil niedriger als den rechten zu dekorieren und die Mitte in der Höhe zu betonen.

Achten Sie darauf, dass man nicht den ganzen Laden von der Front bis zum hinteren Teil überblicken kann. Dies würde nicht zum Verweilen, Stöbern und Sich-inspirieren-Lassen einladen.

Die Schaufensterpuppen und Dekorationen

Kopflose Figuren lassen sich ausgleichen durch Bilder mit Köpfen. Die Werbebanner sollten immer rechts den Mann und links die Frau zeigen. Wenn zwei gleichgeschlechtliche Schaufensterpuppen zu sehen sind, so wählen Sie nach dem Yin-Yang-Prinzip: die rechte Seite heller als die linke. Das entspricht im asiatischen Denken dem Prinzip von Yang, rechts, und Yin, links, oder wie man im Feng-Shui sagen könnte: Die rechte Seite entspricht dem Bild eines Drachens, die Dekoration ist in der Betonung der Vertikalen zu sehen. Die linke Seite ist symbolisch mit einem sich in Ruhe befindlichen Tiger zu vergleichen, und die Dekoration wird deshalb auch die Horizontale betonen. Die Mitte zwischen beiden ist im Idealfall der höchste Punkt. Man nennt ihn auch die Perle, die aus der Vereinigung von weiblichen und männlichen Anteilen oder Tiger und Drache entsteht. Die Perle bringt Reichtum und Glück. Wer die Mitte seines Schaufensters hoch aufbaut und eine »Perle« erzeugt, hat das Glück auf seiner Seite.

Wer gut funktionierende Unternehmen analysiert, die erfolgreich agieren, erkennt sehr schnell, dass sie entweder einen ausgezeichneten Feng-Shui-Experten an ihrer Seite hatten oder ein gutes Gefühl für den Interieur-Erfolgsfaktor.

Wegführung durch das Geschäft

Runde Formen, wie hier die Sitzgelegenheit im Bild, und im Gegensatz dazu wieder eckige Auslagen (das Prinzip von Yin und Yang) vermitteln ein Gefühl des Willkommenseins.

Die potenziellen Käufer müssen ein Gefühl von Flanieren vermittelt bekommen, um sich länger im Laden aufzuhalten und um somit ihre Einkaufsbereitschaft sowie ihre Bereitschaft, das eine oder andere noch zu entdecken, zu fördern.

Muster auf einem gewundenen Weg, beispielsweise als Mosaikarbeit im Bodenbelag oder im Teppich, bieten die Möglichkeit, einen Weg in das Geschäft hinein zu öffnen.

Ein Wort zum Thema Licht

Die Lichtsituation außen wie innen hat einen maßgeblichen Einfluss auf die Anziehung von Kunden und das Wohlgefühl der im Geschäft wirkenden Kollegen und Mitarbeiter, aber auch auf das der Kunden.

Feng-Shui-Regeln schlagen vor, mit Yin- wie auch mit Yang-Licht zu agieren. Das bedeutet, dass helle, nicht blendende Areale sich mit sanft beleuchteten abwechseln.

Strahler sind für alle Figuren ein willkommenes Feng-Shui-Mittel. Positionieren Sie Figuren, Steine, Masten u. Ä. auf der Ecke des Fehlbereiches bzw. dort, wo die roten Kreise angegeben sind. Auf der gesamten Linie des rot gestrichelten Bereiches können zusätzlich Laternen aufgestellt werden. Ihre Wirkung wird verstärkt, wenn diese bis zum ersten Stockwerk des Gebäudes reichen. Am besten bilden mehrere Laternen, alle zwei bis drei Meter aufgestellt, eine Kette, so dass die fehlende Linie ergänzt wird.

Kassenposition

Vermeiden Sie es, Ihre Kasse direkt gegenüber dem Eingang zu positionieren. In dieser Linie gilt der Spruch der Chinesen, der ins Deutsche übersetzt etwa wie folgt lautet: »Wie gewonnen, so zerronnen.« Denn der »Holzpfeil-Angriff« der von der Tür ausgeht, stört nicht nur die Kassierer, er entspricht auch der »Habicht-Stellung« dem Kunden gegenüber und er traut sich so nicht in das Geschäft. Die korrekte Position der Kasse wird im Feng-Shui berechnet, um den besten Geldpunkt und damit den besten Standort für sie zu ermitteln.

Der Kunde

Ist Ihnen schon einmal aufgefallen, dass in kleinen Geschäften noch mehr Kunden hinzukommen, sobald ein paar Kunden da sind? Warum? Die Antwort ist ganz einfach, der zur Tür hereinblickende

Kunde möchte nicht gern im Mittelpunkt stehen, wenn er nicht gezielt weiß, was er will. Sind mehrere Menschen im Laden, so weiß er, dass die Verkäufer abgelenkt sind und er seine Ruhe hat. Ist der Laden leer, kann er nicht ungestört wühlen und schauen. Er fühlt sich wie kleinen Pfeilen, Angriffen ausgeliefert, die vom Personal ausgehen.

Temperaturen

Die Temperatur im Verkaufsraum sollte sich nach den Jahreszeiten richten. Das ist ein wichtiger und nicht zu unterschätzender Punkt. Empfindet der Kunde den Verkaufsraum im Winter als warm, so fühlt er sich wohl, wohingegen er sich im Sommer in einem kühlen Ambiente wohlfühlen wird.

Tai-Chi und Co.

Wer das Zentrum betont hat, wird sich in jedem Fall zu den Erfolgreichen zählen dürfen. Innerhalb eines Supermarktes ist mit Licht,

einem runden Regal und der Farbe Rot, die das Zentrum wärmt, gearbeitet worden. So wird eine fundamentale Kraft hergestellt, die dem Supermarkt Kraft und Bestand vermittelt.

Säulen

Achten Sie darauf, dass Säulen, die wie Blockaden wirken, nicht vor dem Eingang stehen. Innerhalb des Geschäftes sollten Sie die Säulen verspiegeln, mit Werbetafeln versehen, Pflanzen davor stellen oder runde Tische und Podeste mit Waren.

Wasser

Wasser wird mit dem Geldfluss gleichgesetzt. Wer in seinem Unternehmen Wasser vor dem Eingang, im inneren Eingangsbereich oder in Energie-Spot-Punkten hat, zieht nicht nur Kunden an, er lädt sie auch zum Verweilen ein.

Flure und Fensterfronten

Lange Flure können auch im Geschäftsgebäude sehr ungünstig sein. Liegt ein langer Gang an einer Fensterfront, so können Sie drei Dinge tun, um diese Autobahn von Energie zu stoppen. Erstens würde Ihnen ein Berater empfehlen, vor den großen Fensterflächen Blumen aufzustellen.

Auf der einer langen Fensterfront gegenüberliegenden Wand erzielen Sie das beste Feng-Shui, wenn Sie Bergbilder aufhängen. So erzeugen Sie Gefühle von Sicherheit und Stabilität statt Unsicherheit und Stress.

Lange, gerade Flure haben den Nachteil, dass sich die Lebensenergie, das Chi, zu schnell bewegt und dadurch Hektik und Stresssymptome auftreten. Indem Sie den Boden diagonal oder quer zur Wand verlegen, erreichen Sie ein Abbremsen des Chi, vergleichbar einem Fußgängerüberweg mit seinen Zebrastreifen. Stellen Sie zudem auch Pflanztöpfe in abwechselnder Reihenfolge auf, oder bilden Sie ein gewundenes Bodenmuster, wie einen Fluss, und bringen Sie die Deckenlampen in ebensolchem Muster an. Bilder in abwechselnder Reihenfolge bremsen das zu schnell fließende Chi ebenfalls ab.

Formen

Hoch aufstrebende Formen stehen für Wachstum. Ob im Großen oder im Kleinen, überall wo schlanke Muster auftreten, erzeugen Sie Yang-Energie. Diese steht für Aktivität und gutes Gelingen.

Natürlich dürfen Sie hier die Balance nicht außer Acht lassen, danach muss es zwei Drittel Yang-, aber auch ein Drittel Yin-Energien im Business geben.

Die Verkaufsräume sollten geprägt sein von abgerundeten, harmonisch aufeinander abgestimmten Formen. Wo rechteckige und quadratische Formen bevorzugt werden, runden oder schrägen Sie diese am besten an den Ecken ab. Stellen Sie Ladentische oder Regale so auf, dass sie mit den Kanten keine Wege oder Türen attackieren. Letzteres würde ein unwillkommenes Klima der Aggression schaffen.

Auch hier sind hoch aufragende Formen Yang und betonen das Vorwärtskommen im geschäftlichen Sinne.

Bilden Sie auch Gruppen von drei Wasserbrunnen oder Objekten, die unterschiedlich hoch sind. Die ideale Formenverteilung würde nach Feng-Shui-Gesichtspunkten das Ideal der Natur nachahmen und die Tiger-Drache-Schildkrötenposition herstellen. Der linke Brunnen wäre niedriger als der rechte und der mittlere wäre der höchste.

Mit den Jahreszeiten gehen

Wer mit den Jahreszeiten geht, hat die Zeit auf seiner Seite, er geht im wahrsten Sinne des Wortes mit ihr. Wenn man noch im Mai Weihnachtsdekorationen herumstehen hat, so ist man nicht up to date, oder? Auf der Ebene des Unbewussten ist es so, dass Signale gesetzt werden, die daraufhin deuten, dass man möglicherweise mit der Arbeit nicht mehr nachkommt, sozusagen hinterherhinkt. Um diesen Eindruck erst gar nicht aufkommen zu lassen, schauen Sie sich um und überprüfen Sie, ob Ihre Dekorationen den Jahreszeiten entsprechen.

Die Farben fürs Geschäft

Bedienen Sie sich der lebhaften Farben. Wenn es sich um Geschäfte für die Schönheit von Frauen handelt, dann wählen Sie Apricot. Handelt es sich eher um Kinderläden, dann wählen Sie Pastellfarben. Für Schulen sind kräftige Grün-, Blau-, Purpur- und gelbe Farbtöne harmonisch (wenn wir einmal die Schule als Unternehmen betrachten wollen).

Ob Sie sich für die Farbe des Sommers – Rot – oder die Farbe des Spätsommers – Gelb – entscheiden sollten, überlassen Sie bitte Ihrem Gefühl und den nachfolgenden Empfehlungen. Vermeiden Sie Schwarz und Braun, es sei denn, dass es sich um ein Nachtlokal handeln würde.

Weiße Läden sind kaum zu empfehlen, da Weiß mit traurigen Geschäften in Verbindung gebracht wird bis hin zum Geschäftsuntergang. Aber hier gilt: Handelt es sich um Arztpraxen, dann ist Weiß die Hauptfarbe der Wahl.

Rot, Grün, Blau, Gelb und Weiß sind die Grundfarben des Fünf-Elemente-Kreises. Alle anderen Farben sind Gegen- und Zuspieler dieser Farben und von daher keiner bestimmten Zahl bzw. keinem bestimmten Element zuzuordnen. Die Farben Rot, Blaugrün und Gelb allein zu benutzen, wäre eine zu starke Energie für das Innere des Geschäftes. Wenn Sie jedoch anregende Energien benötigen, so können Sie auch komplementäre Farbpaare wie Rot-Grün, Blau-Orange oder Lila-Gelb wählen. In gedämpfter Form können Kontraste selbst für den Konservativsten ein gutes Feng-Shui ausmachen.

Im Sommer bestimmen helle, frische, leuchtende, kühle Farben und Angebote den Verkaufsmarkt. Im Winter, gerade zur Weihnachtszeit, sind es kräftige, dunkle, warme Töne. Wenn Sie sich mit dem Strom der Möglichkeiten bewegen, dann geschieht das im Einklang mit diesen jahreszeitlichen Wechselspielen.

Grün für Geschäftsräume

Die grüne Farbe eignet sich besonders für Räume, die in den Himmelsrichtungen Osten oder Südosten liegen. Grün steht in Beziehung zu Wachstum, vermittelt Kühle und Ruhe. Hellgrün, insbesondere Lindgrün, ist die Farbe des Frühlings, die Farbe von Wachstum und Gedeihen.

Auch die Werbung verwendet Grün – dort in erster Linie, um gesunde Naturprodukte zu bewerben und Frische zu vermitteln. Dunkles Grün wirkt ruhig, still und ausgleichend.

Blau für die Geschäftsräume

Sollten Sie Blau für Ihre Werbeprodukte verwenden, so sollten Sie wissen, dass mit Blau kreative Ideen ins Auge springen, wie beispielsweise bei der Camel-Werbung. Natürliche Produkte wie Schafwolle stehen in starkem Kontrast zum Blau. In Verbindung mit der Schafwolle wirkt aber auch künstliches Blau natürlich.

Blau ist die Farbe des Nordens, der Dunkelheit, der Nacht. Deshalb eignet sie sich auch sehr gut für Bars, Diskotheken und Abendlokale, aber auch für Meditationsräume und Fischhändler. In der Firma können auch Ruheräume in dieser Farbe gestrichen werden.

In Osträumen wirkt Blau als Fußbodenbelag sehr harmonisch.

Natürlich bestimmt in erster Linie die Art des Business die Farbe. Deshalb nimmt man auch für Schiffswerften blaue Kräne und Zubringer.

Da Blau eine Yin-Farbe ist, darf sie nicht übermäßig angewendet werden. Nicht nur dass die Körpertemperatur mit ihr sinkt, sondern sie wird für das Business auch als Komplementärfarbe eingesetzt.

Schmale Räume können mit hellem Blau um ein Viertel erweitert werden! Enge Flure eignen sich deshalb am besten für diese Farbe. Kommt zum hellen Blau noch der gekonnte Einsatz von Spiegeln hinzu, ist Ihr Business für Ihre Geschäftspartner beim nächsten Besuch nicht wiederzuerkennen.

Gelb in den Geschäftsräumen

Gelb ist die Farbe des Elementes Erde und eignet sich für südwestwärts gelegene Räume. Das helle Gelb erinnert an hell glänzendes Gold und die Mittagssonne. Die Gedanken hellen sich auf und klären sich. So eignet sich diese Farbe sehr gut für Arbeitsräume.

Gelbtöne können auch in den Räumen verwendet werden, in denen man die Farbe zum Aufhellen des Gemütes benötigt, weil die Räume sehr dunkel sind. Hohe Bäume vor den Fenstern und ein Souterrain können es nötig machen, Gelb als Lichtbringer zu nutzen. Das helle Gelb ist eine Yang-Farbe. Ein guter Ausgleich für die dunklen Räume.

Weiß in den Geschäftsräumen

Weiße Räume wirken clean und sind in jeder Hinsicht steril. Reines Weiß allerdings lässt die Augen schnell ermüden. Wer ein Zahnlabor besitzt oder ein anderes Geschäft, bei dem Hygiene im Vordergrund steht, sollte Weiß bevorzugen. Damit aber nicht nur ein Element überwiegt, müssen zum Weiß durch die Bilderwahl noch Rot und Gelb, Blau durch Wasserobjekte und durch Pflanzen die Farbe Grün hinzukommen, um den Kreislauf der Elemente zu schließen.

Duft in Geschäftsräumen

Der Geruch im Raum entscheidet auch darüber, ob der Kunde verweilen möchte oder die Flucht ergreift. Einmal abgesehen von ätzenden und muffigen Gerüchen, die gewiss den Umsatz nicht ankurbeln, sollte es frisch und je nach Geschäft und Jahreszeit entsprechend duften. Die Nase möchte ebenso verwöhnt werden wie das Auge und der Temperatursinn.

Kurzuntersuchung für Ihr Geschäft

Wie ist die Postanschrift des Unternehmens? Wie ist der Klang des Ortes- und Straßennamens? Wie lautet die Hausnummer?

- Wohlklingende Assoziationen sind förderlich.
- Die Hausnummer sollte keine Vier am Ende aufweisen, besser sind 3, 5, 8 und 9.

Wie liegt das Gebäude in der Landschaft? Hat es eine gute Rückendeckung? Wo ist die freie Sicht?

- Beste Lage: im Norden ein Berg, im Osten ein höheres Gebäude, ein Berg oder Bäume, im Westen ein niedrigeres Gebäude, ein niedrigerer Berg oder niederer Baumbewuchs, im Süden ein freier Blick.
- Sollten die Himmelsrichtungen nicht genauso wie oben beschrieben mit den Gegebenheiten in Übereinstimmung sein, dann sollte sich rechts vom Eingang aus gesehen (Sie stehen mit dem Gesicht zum Gebäude) zumindest ein höheres Gebäude befinden und links ein niedrigeres. Achten Sie auf einen guten Rückenschutz Ihres Gebäudes, damit es keine Rückschläge gibt.

Sehen Sie Wasser von Ihrem Gebäude aus?

- Wasser sollte auf der Seite fließen, wo die Schaufenster hinweisen. Als Wasserenergie werden auch Straßen und Wege gesehen sowie freie, offene Flächen.

Passt die Lage zur Art des Business?

- Allgemein sind Geschäfte in der Innenstadt günstig, die im Fußgängerbereich liegen. Hier ist die Laufkundschaft. Wer Spezialläden hat und per Annoncen wirbt, sollte auf einfache Erreichbarkeit und gute Parkplatzsituationen achten.
- Büros können sich in zweiter Reihe aufhalten und benötigen nur in Fällen mit Publikumsverkehr ein besonderes Erscheinungsbild.

Die Lage des Objektes zur Straße

- Liegt das Objekt am Zusammenfluss zweier Straßen, so sind Einnahmen aus zwei unterschiedlichen Quellen zu erwarten.

Wie ist der Weg zum Gebäude?

- Ein geschwungener Weg ist grundsätzlich einem geraden, auf die Straße zuführenden Weg vorzuziehen.

Geschäftshäuser

- Wo ist der beste Standort in der City bzw. im Gewerbegebiet?
- Welche Büroflächen in einem Gebäude sind erfolgversprechend?
- Wie sollte die Raumaufteilung genutzt werden?
- Wie sollte der Empfangsbereich gestaltet sein?
- Wie sind die Schreibtische mit der optimalen Sitzposition anzuordnen?

Shopping Malls

In einer Shopping Mall mit meist recht hoher Miete ist der Standort des Ladengeschäfts von besonderer Bedeutung:

- In welcher Gegend befindet sich die Mall?

- Ist die allgemeine Atmosphäre der Mall wirklich ansprechend?
- Wie ist der Energiefluss der Mall insgesamt?
- Wie ist der Energiefluss für den von Ihnen zu mietenden Laden ausgerichtet?
- In welcher Weise und Richtung strömen die Kunden?
- Wo ist die günstigste Position eines Ladens in der Mall?
- Wird Ihr Geschäft von direkt auf Sie zuführenden Rolltreppen gefährdet?
- Stört womöglich eine dicke Säule vor Ihrem Laden den Energiefluss?
- Können Ihre Produkte in dem zu mietenden Laden adäquat präsentiert werden?
- Reichen die Ladenfenster bis zum Boden (Profit fließt dann nach draußen)? Und wie kann man dies ändern?
- Kann der Laden generell so gestaltet werden, dass er wirklich einladend ist?
- Kann der Eingangsbereich geradezu magisch gestaltet werden?
- Ist der Grundriss des Ladens inkl. der Hinterräume so gestaltet, dass auch Sie und Ihre Mitarbeiter sich dort wohlfühlen können?

Gastronomie

In Restaurants, Cafés und im Imbissbereich sind runde Tische wünschenswert. Sie erleichtern die Kommunikation und haben keine Ecken, an den man sich stoßen könnte. Ein Biorestaurant in der Frankfurter City geht den völlig falschen Weg und wird bald keine Gäste mehr haben, denn: Die Tische sind eckig. Es ist ungemütlich im halligem Ambiente, und die großen Fenster geben nur einen Ausblick auf Bauzäune frei. Zudem zieht es dort. Die Geräuschkulisse ist hart und laut. Der

Brunch ist nicht üppig, sondern eher als geizig einzustufen. Das Personal ist lustlos. Klares Ergebnis: Dieses Restaurant wird bald den Standort wechseln oder das Ambiente und seine Einstellung ändern müssen!

Bequeme Stühle und eine gute Klimatisierung sind wichtig. Sitzplätze mit dem Rücken zur Wand und Blick zur Tür sind am besten.

Lassen Sie in jedem Fall eine fachkundige Beratung machen, um ganz gezielt Ihre Situation zu unterstützen und Ihre Erfolge zu sichern.

Erfolge mit Praxen

Die Gestaltung einer Praxis folgt den gleichen Regeln wie bei Büros und Geschäften. Die Vorgehensweise bei der Untersuchung Ihrer Praxis auf Qi-Faktoren, die Ihren Erfolg unterstützen, ist folgende:

Wo befindet sich Ihre Praxis?

Beachten Sie alle Punkte des Kapitels »Lage« in den vorangegangenen Kapiteln. Es gilt: Man sollte Sie finden! Wenn Sie auf Laufkundschaft, Patienten setzen, so gehören Sie mit der Praxis an die Straße. Sind dort aber keine Parkplätze oder auch zu enge Gehsteige, hat es nicht nur das Chi schwer, bei Ihnen zu landen, auch die Patienten werden sich schwerer einstellen.

Auf welchem Grundstück (Form) befindet sich das Gebäude?

Vermeiden Sie die Form der umgedrehten Geldbörse, weil dies Ihnen den Anfangserfolg, aber nicht den späten Erfolg garantiert. Vermeiden Sie eine Praxis auf einem Dreiecksgrundstück, weil dies zu Streit und Zwietracht führen kann.

Welche Form hat das Gebäude?

Es sollte ein rechteckiges oder quadratisches Gebäude sein, da Sie hier keine Fehlbereiche zu befürchten haben. Sehen Sie dazu das Kapitel »Fehlbereiche«.

Bietet die Fensterfront einen Blick in einen freien Bereich?

Dann haben Sie einen guten »Phönix«, und dies ist ein günstiges Omen für Ihr Wirken an diesem Ort.

Hat das Gebäude eine Rückendeckung?

Wenn sich hinter dem Gebäude ein ansteigendes Gelände, eine Mauer oder ein höheres Haus befindet, dann haben Sie eine gute »Schildkröte«. Befinden sich auf dieser Seite die kleineren Fenster oder auch gar keine, so sind die Voraussetzungen günstig, dass Sie an diesem Ort das Geld, das Sie einnehmen, auch behalten – vorausgesetzt Sie haben im Inneren, im Südosten, keine Toilette. Dies würde bedeuten, dass Ihnen das Geld wegfließt. Das brauchen Sie nicht zu glauben. Es ist eine Tatsache! In diesem Fall brauchen Sie eine Beratung.

Wie ist der Min Tang – die Parkplatzsituation?

Parkplätze sollten ausreichend zur Verfügung stehen. Es ist zudem günstig, an einer Haltestelle zu sein oder an einer Ampel, wo die Menschen verweilen. Ein Schild in Blickrichtung der Autofahrer oder auch Fußgänger sowie eine Werbung in den Fensterflächen kann sehr erfolgversprechend sein. Der erste Eindruck, den jemand gewinnt, sollte absolut einladend sein!

Wie findet man den Eingang?

Der Weg zum Eingang sollte sich nicht in gerader Linie zur Straße befinden. Sonst, so sagen die Chinesen, würde das Geld in direkter Linie wieder aus dem Gebäude hinausrollen. Ein langer, gewundener Weg ist ein gutes Omen.

Wer sich immer verläuft

Wenn sich schon viele Menschen auf dem Weg zu Ihnen verlaufen oder den Eingang nicht gefunden haben, so sollten Sie sich ernsthaft Gedanken darüber machen, wie Sie die Chi- und damit die Aufmerksamkeitslenkung verbessern können.

Wie ist der Eingang betont?

Rechts der Tür sollte ein höheres Pflanzgefäß stehen oder ein Praxisschild. Wird die rechte Seite betont, die Yang-Seite, so kommt eine starke Energie zur Tür herein.

Fragen Sie sich auch, ob Rollstuhlfahrer zu Ihnen gelangen können, speziell dann, wenn Sie eine Praxis für Physiotherapie betreiben.

Wie ist der Empfang gestaltet?

Angenehme Gerüche, ein helles, warmes Ambiente und bequeme Sessel zum Warten sind genauso wichtig wie die Lage der Anmeldung (wenn es diese gibt). Stellen Sie den Anmeldetresen nie gegenüber der Eingangstür auf! Auf diese Weise vermeiden Sie die unangenehme Situation, dass sich Patienten unwohl fühlen, wenn Sie mit dem Rücken zur Tür stehen.

Haben Sie einen geschützten Besprechungsbereich?

Der Patient muss sich geborgen fühlen, mit dem Rücken zur Wand sitzen können. Ihre beste Position entnehmen Sie Ihrer Ming-Kwa-Richtung. Darüber hinaus gilt: Wer die Tür im Blick hat, hat die Kontrolle über die Situation.

Stellen Sie sicher, dass der Patient mit Ihnen an einem runden Tisch sitzt oder Ihnen gegenüber an einem Schreibtisch, an dem die Ecken abgerundet sind. Dies erzeugt Nähe, Vertrauen und Harmonie.

Der Flur

Beachten Sie immer, dass lange Flure Bilder, Beleuchtungen oder Bodenmuster zum Ausgleich benötigen, um die geradlinige Energie abzublocken. Somit entstressen Sie den oder die Patienten.

Stimmt der Hauptarbeitsraum mit Ihrer guten Richtung, Ihrer Ming-Kwa-Zahl überein?

Wenn Sie in einem Raum arbeiten, der zu einer Ihrer vier günstigen Richtungen gehört, so haben Sie mehr Energie für Ihre Arbeit!

Gehen Sie alle Räume nach den Himmelsrichtungen durch und überprüfen Sie diese auf die Qi-Faktoren.

Im Süden, der dem Element Feuer entspricht sowie Ruhm und Anerkennung, sollten Sie Licht haben, ein rotes Bild oder einen roten Sessel.

Im Nordosten und Südwesten, die dem Element Erde entsprechen und der Bereich der guten Zusammenarbeit und der weiblichen Energie sind, ist eine gelbe Wand sehr gut, ein Bild in den Farben Gelb, Orange und Ocker oder eine Salzkristalllampe, eine Liegemöglichkeit oder ein voluminöser Sessel oder Schrank.

Im Westen und Nordwesten, die dem Element Metall entsprechen und die Bereiche von Kontakten und Zukunftsglück sind, sollten Sie einen runden Teppich haben, eine metallische Skulptur, einen Gong an der Wand oder beispielsweise ein kreisrundes Bild.

Im Norden, dem Element Wasser, dem Bereich der Karriere und Lebensenergie, empfehle ich Ihnen beispielsweise blaue Farben, ein Wasserbild oder Zimmerbrunnen, einen runden Teppich oder ein rundes, metallisches Objekt.

Dem Osten und Südosten, den Bereichen von Gesundheit und finanziellem Glück, können Sie mit Pflanzen, Zimmerbrunnen, grüner Farbe, Bambus oder beispielsweise mit Bildern von Bäumen die nötige Energie geben.

Wo befinden sich die Toiletten?

Um die Lage der Toiletten richtig einzuschätzen, benötigen Sie eine Beratung. Die Grundregel ist: Liegen die Toiletten in den Eckpunkten des Grundrisses, so sorgen sie dort für Ärger. Liegen sie in der Mitte des Wandgrundrisses – ebenso. Holen Sie sich in jedem Fall Rat und Hilfe, wenn Sie dies feststellen sollten.

Wo ist der Geldbereich?

Es gibt einen individuellen Geldbereich, den man nur mit dem Lo Pan und Berechnungen (Fei Xing Pei) ermitteln kann, und den allgemeinen Reichtumspunkt. Dieser ist in der Himmelsrichtung Südosten zu finden. Wenn dort die Pflanzen schwächeln, sich Abstellkammern, Toiletten oder andere Nebenräume befinden, so hat man es schwer, Geld zu verdienen. Wenn dort allerdings einer Ihrer Haupträume ist, so sind Pflanzen und Wasser schon einmal eine gute Möglichkeit, die Energie anzuheben und den gewünschten Erfolg anzuziehen. Auch Chilines mit dem Symbol des Geldes (Kreis und Viereck) sind hervorragende Möglichkeiten, um den Geldbereich zu stärken und eventuell

gleichzeitig einen geschützten Bereich entstehen zu lassen. Die Chilines werden jeweils mit Energiecodes gefertigt.

Der Behandlungsraum

Wie fühlt sich der Patient im Raum? Hat er eine Wand im Rücken und vor sich einen Ausblick? Gibt es ein Zentrum? Dann betonen Sie es rund, am Boden mit Licht oder mit der Einrichtung.

Der Wartebereich

Haben Sie Pflanzen hier? Gibt es einen geschützten Wartebereich? Bauen Bilder Ihre Patienten auf?

Was haben Sie im Bereich der guten Kontakte?

Der Bereich der guten Kontakte befindet sich im Nordwesten. Wenn dort Ihr Wartebereich liegt, ist dies besonders günstig, um neue Patienten zu generieren. Im Kontaktbereich sind auch Wandtafeln mit Ihren Angeboten, Visitenkarten und Flyern gut aufgehoben, vorausgesetzt, Ihr Kontaktpunkt ist türnah.

Wie sind Geruch, Wegführung und Farbstimmung?

Der erste Geruch darf nur angenehm sein, entsprechend der Art Praxis, die Sie führen. Eine Naturheilpraxis riecht gut, wenn Sie nach Kräutern, Hölzern oder ätherischen Essenzen aus Limette, Orange oder beispielsweise leicht nach Minze duftet. Die Temperatur darf sich

nicht nach Ihnen selbst, sondern muss sich hauptsächlich nach den Patienten richten, die warten oder später liegen. Oft ist der Raum, in dem die Behandlung durchgeführt wird, zu kühl. Die Raumtemperatur sollte 22 Grad in jedem Fall betragen. Die Distanz von Raum zu Raum sollte mit nicht blendendem Licht gut überwunden werden können. Es darf keine dunklen Bereiche geben, in die der Patient hineinschaut oder -geht. Notfalls nehmen Sie Bewegungsmelder für die Flure oder die Zugänge zu den Toiletten in Kauf. Die Grundfarbe Weiß für eine Praxis sollten Sie je nach Art Ihrer Praxis mit Ihren Farben des Logos oder der Visitenkarte in Übereinstimmung bringen. Bedenken Sie dabei auch die Himmelsrichtungen, wenn Sie die Farben wählen:

Westen und Nordwesten – Weiß
Osten und Südosten – Grün
Nordosten und Südwesten – Gelb
Süden – Rot
Norden – Blau

Ihre Werbung

Wie ein roter Faden sollte durch Ihre gesamte Werbung Ihr Logo gehen. Deshalb ist das Logo das Erste, was sehr stimmig sein muss. Schauen Sie dazu im Kapitel über Logo, Visitenkarten und Briefpapier, was Sie selbst schon einmal in Angriff nehmen können. Der größte Fehler vieler Praxisinhaber ist, dass sie zu wenig Werbung machen oder sich gar nicht darum kümmern. Sparen Sie nicht an der falschen Stelle und lassen Sie sich von einem Fachmann beraten. Ich habe einige Adressen, die Ihnen gewiss weiterhelfen können. Oft berate ich bis ins Detail, bis hin zu allen Gestaltungen; die Vernetzung mit allen Werbemedien und die Ausführung der Empfehlungen begleite ich ebenfalls gern.

Sie werden mit Ihrer Praxis in dem Maße erfolgreich sein, wie Sie klar Ihre Ziele definieren und diese Klarheit auch in Ihre Räume bringen. Lassen Sie sich professionell beraten, denn diese Investition ist der Beginn und Startschuss für einen erfolgreichen Auftritt vor Ihren Patienten.

Erfolg mit Logo, Briefpapier und Visitenkarte

Die Prinzipien von Wind und Wasser, Himmel und Erde enden nicht im Interieur. Ihre Wirkungen gehen in alle Bereiche des Business. Sie sind gleichermaßen gültig und vortrefflich geeignet, um das Firmenlogo zu analysieren oder den Briefkopf der Firma zu überdenken. Bekannte Logos wie das der Firma *Wella*, das der *Times*, des *Spiegels* sowie die der Automarken *VW* und *GM* gelten beispielsweise vom Feng-Shui-Standpunkt her als sehr erfolgversprechend.

»Der Lauf des menschlichen Lebens
gleicht dem eines großen Flusses,
der kraft seiner eigenen Schnelligkeit
neue und unvorhergesehene Bahnen zieht,
ebendort, wo sich zuvor keine Strömung befand.«

Rabindranath Tagore

Ziehen Sie den goldenen Faden Ihres Auftritts bis hin zu den Visitenkarten und zum Briefpapier.

Wählen Sie die Corporate Identity so, dass diese in direktem Zusammenhang mit der Firmenphilosophie steht und dem Produkt gerecht wird. Das richtige Logo zählt dazu genauso wie das passende Briefpapier und die Visitenkarte.

Sehen Sie nachfolgend die passenden Farben für Ihre Visitenkarten oder das Briefpapier. Falls Sie dies nicht geschäftlich anwenden und verwirklichen können, so wäre es auch denkbar, dass Sie den Feng-Shui-Gedanken für die private Gestaltung Ihrer Visitenkarten übernehmen.

Ihr Jahreselement schlagen Sie bitte in der *Tabelle der Jahreselemente* nach.

Jahreselement	Visitenkarte
Feuer	**Flieder**, Rosé, Grün, Weinrot
Erde	**Beige**, Zimt, Mokka, Weinrot, Elfenbein, Gold
Metall	**Silbergrau**, Braun, Weiß, Perlmutt
Wasser	**Blau**, Schwarz, Weiß, Silber
Holz	**Grün**, Blau

Die Visitenkarte

Wenn Sie Ihre Visitenkarte wählen, so sollte Ihr persönliches Element dieser zugrunde gelegt werden, und natürlich sollte der Kundenstamm berücksichtigt werden, den Sie ansprechen wollen. Drücken Sie eindeutig das aus, was Sie tun. Den Fischhändler sollte man nicht mit dem Bäcker verwechseln können und den Mitarbeiter des Statistischen Bundesamtes nicht mit dem Bundeswehrbeauftragten.

Feuer

Wenn Ihr Element Feuer ist, dann kann das Papier eine feine Struktur mit Längsstreifen aufweisen und einen Stich ins Rosé- oder Fliederfarbene haben.

Wählen Sie das Längsformat für Ihre Visitenkarten und im Briefpapier eventuell vertikale Streifen.

Erde

Wenn Ihr Element Erde ist, dann kann Ihr Papier eine griffige Struktur und kleine Karos enthalten. Das Papier könnten Sie cremefarben, eierschalenfarbig bis ins zarte Gelb hin wählen.

Wählen Sie das Querformat für Ihre Visitenkarten und für das Briefpapier eventuell Karos.

Metall

Wenn Ihr Element Metall ist, dann kann Ihr Papier weiß, hellgrau, glatt und glänzend sowie in der Struktur mit Kreisen oder Spiralen versehen sein.

Wählen Sie das Querformat für Ihre Visitenkarten und für das Briefpapier eventuell Kreise, Spiralen oder glänzende Elemente.

Wasser

Wenn Ihr Element Wasser sein sollte, dann kann Ihr Papier glatt sein und feine Wellenlinien in der Struktur und einen bläulichen Papierschimmer aufweisen.

Wählen Sie das Querformat für Ihre Visitenkarten und für das Briefpapier eventuell Wellen, unregelmäßige und glänzende Strukturen.

Holz

Wenn Ihr Element Holz ist, dann kann Ihr Papier einen grünlichen Schimmer zeigen, hölzerne Strukturen haben oder glatt sein und Längsstreifen aufweisen.

Wählen Sie das Hochformat für Ihre Visitenkarten.

So gestalten Sie Ihr Logo

Diese Firma hat sich wie viele andere das Logo nach Feng-Shui-Kenntnissen entwickeln lassen. Erfolgreiche Firmen haben ein gut balanciertes Logo nach Yin- und Yang-Kriterien. Wer sein Logo mit Feng-Shui-Augen betrachtet, wird mitunter sehr zufrieden sein können oder kann auch mit kleineren Korrekturen ein erfolgreiches Logo erzielen. Im Logo der DSA sehen Sie, dass die Elemente Wasser, Holz und Feuer, vertreten durch die Farben Blau, Grün und Rot, in ansteigender Folge vertreten sind. Das Logo ist so entwickelt, dass es von rechts nach links ansteigt.

- Wählen Sie Formen, die für das betrachtende Auge angenehm sind.
- Vermeiden Sie spitze Formen, insbesondere die, die auf Sie zulaufen.
- Wer die fünf Elemente wählt, sollte mit dem Logo und sich selbst in Harmonie stehen. Sind Sie in einem Jahr der Erde geboren, so sind Erdfarben, wie Gelb, Orange, Braun oder Beige, in Verbindung mit Gold sehr harmonisch.

- Achten Sie darauf, dass, wenn Sie Kreise verwenden, diese nicht durch zusätzliche Linien verletzt werden.
- Achten Sie auf harmonische Farb- und Formfolgen. Beispielsweise passen runde und rechteckige Formen zusammen, da Sie die Elemente Erde und Metall verkörpern. Oder Sie wählen die grüne Farbe des Holz-Elementes und kombinieren Sie mit dem Blau des Wasser-Elementes.
- Nehmen Sie nicht mehr als zwei verschiedene Formen und zwei Schriftarten.
- Wählen Sie auch die Farbe des Briefpapiers passend zu Ihrem Geburtselement. Sind Sie in einem Wasserjahr geboren, so wäre ein blassblauer Farbton eine mögliche Wahl. Sind Sie in einem Erdjahr geboren, so wären eine kompaktere Struktur und Cremeweiß genau das Richtige für Sie.
- Das Logo sollte eindeutig mit dem zu tun haben, was auch immer Ihr Gewerbe ausmacht. Eine Blume eignet sich beispielsweise nicht für einen Friseur und eine Schere nicht für den Krankengymnasten. Für eine Getränkefirma passt auch kein Rechteck, da dies eher mit dem Bauwesen zu tun hat, mit dem Stein auf Stein bauen, als mit Wasser, Flaschen und Getränken.
- Ein Logo kann auch die Initialen der Firmeninhaber beinhalten.
- Achten Sie auf die Assoziationen der Namen. Beispielsweise passt der Name *Habenicht und Söhne* nicht so gut zu einer Finanzberatungsgruppe wie auch der Name *Bruch* nicht zu einer Glaserei passt. Stattdessen können Sie einen völlig anderen, freien Begriff wählen, unabhängig von Ihrem Namen.
- Wählen Sie helle und dunkle Anteile gleichermaßen und wechseln Sie zwischen senkrechten und waagerechten Linien.
- Im zweiten Schritt schauen Sie sich die Yin- und Yang-Qualitäten der einzelnen Buchstaben an.

Die erfolgreiche Farbwahl

Den nächsten Schritt zu einem erfolgreichen Logo unternehmen Sie, indem Sie die Lehre der fünf Elemente berücksichtigen:

Kombinieren Sie beispielsweise immer zwei oder drei Farben, die sich im Zyklus der Elemente nacheinander befinden.

Kombinieren Sie beispielsweise:

- Rot und Grün
- Blau und Weiß
- Blau und Grün
- Rot und Gelb
- Gelb und Weiß

Oder Sie wählen nacheinander drei Farben:

- Blau, Grün, Rot
- Grün, Rot, Gelb
- Rot, Gelb, Weiß
- Gelb, Weiß, Blau
- Weiß, Blau, Grün

Die günstige Formenkombination

Wählen Sie beispielsweise die harmonische Formenfolge von:

- Viereck und Kreis
- Kreis und Welle
- Welle und Säule
- Säule und Dreieck
- Dreieck und Viereck

So teilen Sie Ihr Briefpapier ein

Das Briefpapier teilen Sie zu gleichen Teilen in 9 Quadranten ein und platzieren Ihre Telefonnummern bewusst in den Bereich der hilfreichen Menschen oder der Kontakte. Legen Sie die Kontonummern in den Karrierebereich oder das Geldsymbol in den Bereich für Geschäftspartner oder den des Reichtums. Sehen Sie sich nachfolgend die Schemata an und entscheiden Sie selbst über die Platzierung der Informationen auf Ihrem Blatt.

Die Maße sind dann im nächsten Schritt zu bedenken. Stellen Sie beispielsweise die Kontonummer auf die Linie von 26 Zentimetern, dann wird das, was Sie tun, Ihnen großen materiellen Gewinn einbringen.

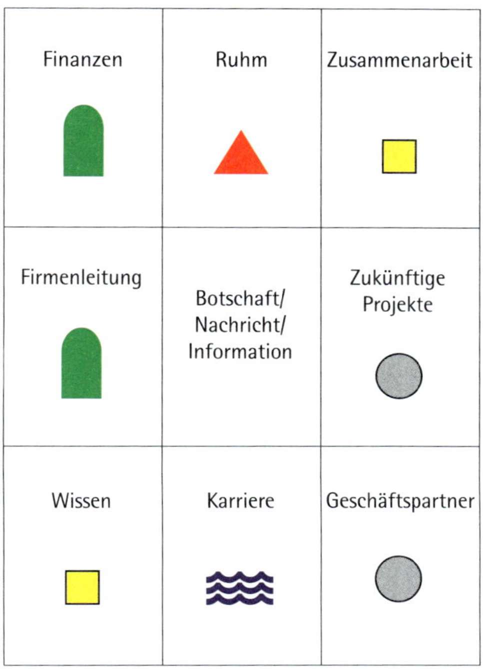

Adressen, die Ihnen weiterhelfen

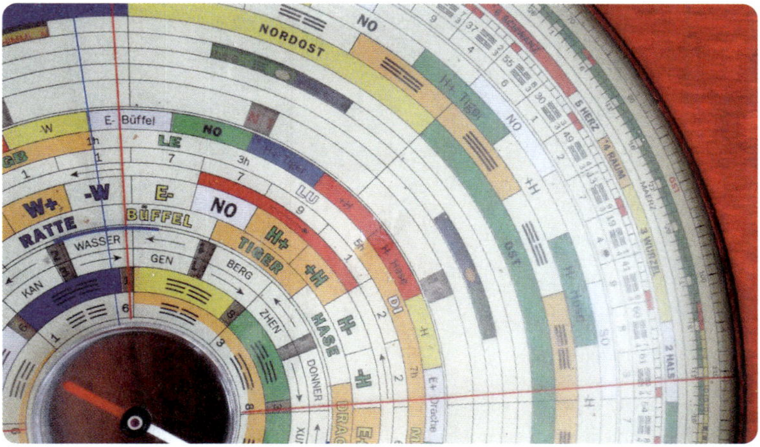

Zusammenarbeit mit Designern und Architekten

Ich berate kleine und große Unternehmen weltweit und habe einen Pool von Leuten, die für Feng-Shui offen sind. Ich arbeite eng mit zwei Innenarchitekten und einem Hochbauarchitekten zusammen. Darüber hinaus habe ich Handwerker aus vielen Bereichen zur Hand, die schon jahrelang mit mir arbeiten.

Gern gehe ich auch auf die Wünsche meiner Klienten ein und arbeite mit ihren Architekten zusammen. Dabei gehe ich fachkompetent vor und habe mich über 25 Jahre lang immer weiter in das Thema Architektur eingearbeitet.

Internationales Feng-Shui-Institut Moogk

Beratung, Ausbildung, Accessoires

Breslauer Straße 2B
65307 Bad Schwalbach

Fon +49 (0) 61 27 – 72 53 80
Mobil +49 (0) 177 – 350 83 06
Fax +49 (0) 61 27 – 72 53 82

fengshuimoogk@fengshuimoogk.de
www.olivia-moogk.de
www.moogk-design.de

Die angesprochenen Chilines und Bilder von Cassandra Morell für die Akupunkturpunkte des Raumes erhalten Sie über unser Institut.

Praxis für ganzheitliches Heilen

Steffi Engel – Heilpraktikerin
Unterwendelsheim 42
55234 Wendelsheim

Fon +49 (0) 67 34 – 913 18 00

info@naturheilpraxis-engel.de
www.naturheilpraxis-engel.de

Frau Engel wirkt nicht nur wie ein Engel, ihre Behandlungsmethoden sind außergewöhnlich und dazu bildet sie noch aus! Wer zu ihr mit der Aufgabenstellung kommt, schlanker zu werden, seine Rückenschmerzen loszuwerden oder seinen Wechseljahrsbeschwerden zu entkommen, hat hier eine Adresse, die nicht in Gold aufzuwiegen ist!

Franz Dieter Krost

Heilpraktiker + Geopathologe
Gaustraße 23
55278 Selzen

Fon +49 (0) 67 37 – 80 96 90
Fax +49 (0) 67 37 – 80 96 94

fdkrost@t-online.de
www.krost-heilpraktiker.de

Untersuchung Ihrer Räume auf Störzonen und für Sportler sowie die, die es gern wären, Behandlungsmethoden, die wieder ins Lot bringen!

Ellen Beitat – Heilpraktikerin
Hanauer Str. 39
63755 Alzenau

Fon +49 (0) 60 23 – 99 30 29

Die moderne Kräuterhexe gibt nicht nur Kräuterkurse, sie lebt förmlich in der Kräuterheilkunde auf und ist meine Geheimadresse für das Heilen à la Hildegard von Bingen.

Lomi-Lomi-Treff
Helmut Krimmer
Am Weiher 15
85716 Unterschleißheim

Mobil +49 (0) 177 – 839 19 38

h.krimmer@lomi-lomi-treff.de
www.lomi-lomi-treff.de

Originäre Lomi-Lomi-Behandlung der besonderen Art, alles, nur nicht alltäglich! Die Ergebnisse der Behandlung grenzen an Wunder.

Harmonie der Bewusstheit
Heiko Gärtner
Donaustr. 14
88239 Wangen im Allgäu

Fon +49 (0) 7522 – 974 48 26
Fax +49 (0) 32 12 – 427 66 69

heiko@harmonie-der-bewusstheit.de
www.harmonie-der-bewusstheit.de

Heiko Gärtner ist ein Autor und Mentor, der gute Geist an der Seite der Klein-und Mittelständler, und er hilft, die Firma ganz nach oben zu bringen. Sein Wissen ist ein Meilenstein auf dem Weg zum Ziel!

Praxis für Physiotherapie, Cranio-Sakrale-Osteopathie, Reiki-Ausbildung
Claudia Schock-Isack und Klaus Isack
Schubertstr. 17
70734 Fellbach

Fon +49 (0) 711 – 58 68 75

ClaudiaSchock-Isack11@gmx.de

dsa-altvatter GmbH
Kapellenstraße 10
63691 Ranstadt

Fon +49 (0) 60 41 – 961 60
Fax +49 (0) 60 41 – 961 62-0

kontakt@dsa-altvatter.de
www.dsa-altvatter.de

Die Firma, die Ihre Geschäftsräume reinigt und deren Wert erhält!

art aqua GmbH & Co. KG
Prinz-Eugen-Straße 11
74321 Bietigheim-Bissingen

Fon +49 (0) 71 42 – 97 00-0
Fax +49 (0) 71 42 – 97 00-10

info@artaqua.de
www.artaqua.de

Schöne Pflanz-und Wasserobjekte, Bilder, Möbel und Windspiele, die an Hochwertigkeit nicht zu übertreffen sind, erhalten Sie von der Firma Art Aqua!

FCM Finanz Coaching
Monika Müller
Dipl.-Psychologin
Gustav-Freytag-Straße 9
65189 Wiesbaden

Fon +49 (0) 611 – 204 72 98
Mobil +49 (0) 177 – 32 43 30 98
Fax +49 (0) 611 – 204 72 99

kontakt@fcm-coaching.de
www.fcm-coaching.de

Ihren Umgang mit Geld coacht Frau Müller in Wiesbaden. Sie ist für mich nicht nur eine äußerst erfolgreiche Geschäftsfrau, sie hilft Ihnen auch persönlich, die richtige Geldstrategie für sich zu entwickeln!

Bildnachweise:

© **Art Aqua:** S. 113 , S. 139, 1S. 41, S. 142, S. 144, S. 146, S. 159, S. 171, S. 191

© **Firma DSA:** S. 143, S. 165, S. 174, S. 179, S. 187, S. 189, S. 221

© **Firma DOG Schuhmann:** S. 157

© **www.fotolia.com:** S. 9, Kurhan; S. 17, fotoliaxrender; S. 19, psdesign1; S. 21, Kenishirotie; S. 25, Floydine; S. 29, Petra Eckerl; S. 34, Gina Sanders; S. 40, Web Buttons Inc; S. 41, Oksana Kuzmina; S. 47, Tiberius Gracchus; S. 48, Photographee.eu; S. 49, ZoomTeam; S. 52, Maygutyak; S. 55, Marco2811; S. 58, Bobo; S. 177, NRoytman Photography; S. 180, antpkr; henvryfo; Xavier

© **shutterstock.com:** S. 208, © baona

Über die Autorin

Olivia Moogk hat nach ihrer Ausbildung zur Physiotherapeutin in China Traditionelle Chinesische Medizin und Feng-Shui studiert. Seit dieser Zeit unternahm sie Studienreisen zu Meistern des Feng-Shui wie Prof. Wang und Prof. Dr. Cheng, nach Hongkong zu Raymond Lo, zu dem australischen Architekten Howord Choy und zu Großmeister Yap Cheng Hai in England.

Die Autorin widmet sich seit vielen Jahren dem Studium der östlichen Philosophie und der Traditionellen Chinesischen Medizin, bildet fundiert auf diesem Gebiet aus und berät Privat- und Business-Klienten hinsichtlich ihrer Häuser und Firmen (u. a. Edeka, Beiersdorf, Axel Springer Verlag, Lilly, Wella, Welonda oder AMC Deutschland).

Sie ist Mitbegründerin der »International Feng Shui Association« mit Sitz in China unter Leitung von Prof. Wang und zudem ein gern gesehener Gast bei zahlreichen Rundfunk- und Fernsehsendern, wo sie in Talkrunden ihr Wissen weitergibt.

www.fengshuimoogk.de

224 Seiten, broschiert,
inklusive 16 Seiten Farbteil
ISBN 978-3-89845-270-0
€ [D] 12,90

Olivia Moogk

Feng-Shui auf 68m²

Harmonie auf kleinstem Raum

Je kleiner die Wohnung, desto wichtiger ist es, sie nach dem individuellen Element des Feng-Shui mit Farben, Pflanzen, Bildern und der Möblierung so einzurichten, dass Glück, Harmonie und Wohlstand die natürlichen Folgen sein werden. Olivia Moogk leitet Sie in diesem Buch an, grundlegende Einrichtungsmaßstäbe sowie Ideen des Feng-Shui umzusetzen, um so die Gestaltung Ihres Zuhauses nach den Himmelsrichtungen, den Elementen oder den chinesischen Tierkreiszeichen auszurichten.
Ein praktischer Ratgeber für alle, die nach neuen Erkenntnissen suchen, um in ihren vier Wänden harmonisch leben, statt nur wohnen zu können ...

192 Seiten, durchgehend
4-farbig, gebunden
ISBN 978-3-89845-197-0
€ [D] 29,90

Olivia Moogk

Feng-Shui & Naturmedizin

8 Faktoren für Ihre Gesundheit

Das Buch zu einem neuen Gesundheitsverständnis! Hilfe können Sie erwarten: für das Herz-Kreislauf- und Gefäßsystem, für Kopf und Gelenke, den Menstruationszyklus oder einen besseren Schlaf. Die Autorin zeigt auf, wie man mit Qi umgeht, Stress abbaut, das Immunsystem stärkt, geistigen und körperlichen Ballast abwirft, Krankheiten heilt, die Regeneration fördert und schließlich ein »Better-Aging« betreibt. Die Methoden hierzu kommen gleichermaßen aus dem Bereich des Feng-Shui wie aus der Naturmedizin selbst. Schritt für Schritt wird der Leser neue Möglichkeiten entdecken, sich eines besseren und gesünderen Lebens zu erfreuen ...

160 Seiten, broschiert,
2-farbig
ISBN 978-3-89845-302-8
€ [D] 14,90

Petra Schmidt-Decker

52 Verträge mit mir selbst

Das Geheimnis der Gewinner

52 VERTRÄGE MIT MIR SELBST wirken wie eine unerwartet positive Nachricht: Sie bekommen bereits beim Lesen gute Laune, werden zuversichtlich, strahlen aus, dass auch Sie das Gewinner-Gen in sich tragen. Dieses Buch zeigt Ihnen, wie Sie es aktivieren können.
Das lang gehütete Geheimnis, wie man Angst, Unsicherheit, Niedergeschlagenheit in Zuversicht, Optimismus, Lebensfreude, in Mut, Energie und Anerkennung umwandelt, wird hier zum ersten Mal gelüftet.

168 Seiten, Klappenbroschur
ISBN 978-3-89845-152-9
€ [D] 10,90

Franziska Krattinger

Ein Wort genügt!

... sich einfach umprogrammieren

Schalten Sie einfach um! – Manchmal genügt ein einziges Wort, um verborgene Haltungen ans Licht zu bringen oder Einstellungen zu ändern. Dabei gibt es spezielle Worte, die gleichsam eine magische Wirkung haben, da sie die Schlüssel zu unserem Unterbewusstsein sind: Schaltworte.
Schalten Sie einfach um – und beobachten Sie die Veränderungen in Ihrem täglichen Leben, ohne dass Sie bewusst daran denken oder eine Vorstellung der Lösung haben müssten. Nutzen Sie die Kraft, eine Situation augenblicklich im besten und idealen Sinn zu verändern.

160 Seiten, broschiert
ISBN 978-3-89845-054-6
€ [D] 9,90

Franziska Krattinger

Erfolgsrezepte

Greife nach den Sternen, wenn du wachsen willst!

Menschen leben in ihren Gewohnheiten, und sie wiederholen sich ständig. Um seine Gewohnheiten, die allein aus fixiertem Denken entstehen, zu ändern, muss der Mensch zuerst auf andere Gedanken kommen. Denn andere Gedanken bringen neue Vorstellungen, und neue Vorstellungen bringen neue Lebenssituationen. Die richtige Einstellung macht jeden Menschen zum Gewinner! Franziska Krattinger hilft den Menschen, auf andere Gedanken zu kommen und so ihr Leben mit wahrer Freude, tiefer Liebe und verstärktem Bewusstsein dauerhaft zu verändern, um sich so den Weg durch den Alltag zu erleichtern.

464 Seiten, broschiert
ISBN 978-3-89845-112-3
€ [D] 19,90

Walter Rotter

Charaktere erkennen – Menschen verstehen

... miteinander glücklich sein

Eine echte Sensation! Nach über drei Jahrzehnten intensiver Studien und beratender Tätigkeit ist Walter Rotter – allein auf der Grundlage des Geburtsdatums und der Geburtsstunde – in der Lage, den Charakter jedes Menschen zu erfassen, den Zugang zu diesem zu finden und ihn im Herzen zu berühren.
Mit Hilfe dieses Buches wird nun auch Ihnen der Zugang zu vielen Menschen erleichtert werden. Lassen Sie sich überraschen von der Vielfältigkeit dieser wunderbaren Grundcharaktere, lernen Sie sie zu verstehen – und Sie werden ein erstaunliches Feedback erhalten ...

192 Seiten, Flexocover
ISBN 978-3-89845-473-5
€ [D] 16,95

Guido Ernst Hannig

Ja! Es gibt den Job, der wirklich zu mir passt!

Mit dem WLS-Sinn-Kompass zu Erfolg und Erfüllung im Beruf

Sind Sie reif für eine berufliche Veränderung?
Der erfolgreiche Berufsberater Guido Ernst Hannig hilft Ihnen zur Erfüllung Ihrer Berufung: Er ermittelt Ihre Wünsche, Träume und Talente und hilft Ihnen, diese in die Tat umzusetzen.
Auf dem Weg zu Ihrer wahren Berufung zeigt er neue Perspektiven auf und gibt hilfreiche Tipps, um die gefundene Berufung auch wirklich zum Beruf zu machen – und so finden Sie endlich Erfolg und Erfüllung im Job.

152 Seiten, mit Abbildungen, 4-fbg., Klappenbroschur
ISBN 978-3-89845-437-7
€ [D] 14,95

Nathalie Bodin

Ho'oponopono

30 Formeln zur Lösung von Konflikten

Entdecken Sie Ho'oponopono ganz praktisch für Ihren Alltag. Nathalie Bodin konzentriert sich auf das Wesentliche im hawaiianischen Vergebungsritual: Die Lösung von Konflikten, wie dies in seinen historischen Anfängen der Fall war. Sie hat das ursprüngliche Ritual wiederaufgegriffen und an das moderne westliche Leben angepasst. Sie bringt uns Ho'oponopono nahe, indem sie uns an 30 alltäglichen Situationen zeigt, wie wir Konflikte erfolgreich mit der Energie des Verzeihens und des Reinigens auflösen können.
Entdecken Sie die Weisheit des Ho'oponopono, die auf jeden Konflikt auch in Ihrem Leben anwendbar ist!

144 Seiten, broschiert
ISBN 978-3-89845-450-6
€ [D] 12,95

Kurt Tepperwein

Umdenken für ein besseres Leben

Dieses Buch ist Ihr persönlicher Wegbegleiter, der frischen Wind in Ihren Alltag bringt. Es lädt Sie dazu ein, Ihr Dasein genauer zu betrachten und das Leben aus einer neuen Perspektive anzusehen.
Kurt Tepperwein zeigt Ihnen, wie Sie Ihr Leben in die Hand nehmen und auf Ihre ganz eigene Art und Weise umdenken können.
Begeben Sie sich mit Kurt Tepperwein auf diese spannende Reise, betrachten Sie das Leben aus einer neuen Perspektive und geben Sie ihm einen neuen Sinn!

Notizen

Notizen

Notizen

Notizen

Notizen

Notizen